新手养花
100问

资深专家 40 年经验，
种植超过 1000 种植物，
疑难杂症全图解

畅销
修订版

陈坤灿 著

辽宁科学技术出版社
·沈阳·

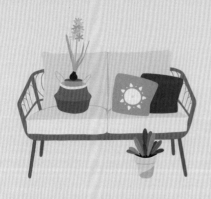

Contents 目录

2 种植篇

容器

环境

介质

光照

温度

3 管理篇

4 繁殖篇

生活有花草相伴，是人生最大的享受

我总是开玩笑地说，我这辈子都在"拈花惹草"。我从小就对植物有极大的兴趣，求学时期选择就读了松山工农园艺科，不但认识了现在的太太，毕业后也一头扎进了植物相关工作，花草植物充斥了我的工作和生活，伴随了我四十几年。

我和太太本来都是台北人，也都很喜欢植物，不仅从事园艺推广的工作，连下班后的生活，也都脱离不了这些花草们。当初在台北自家阳台与屋顶种植了各式各样的植物，形成一座城市花园。

当公寓屋顶、阳台都被我们种满、无法再容纳新植物时，我们兴起了买地搬家的念头，也许听起来有点疯狂，竟然有人会为了种植植物，选择搬家？不过，这的确是我们的心之所向。

在对交通、经济、环境等方面进行评估考虑后，我们锁定了宜兰地区。不过刚开始看房时，房屋中介带我们看的都是漂亮的别墅，可以种植的空地不大，直到后来看到一个面积很大，感觉荒烟蔓草、很久没人住、屋龄也偏旧，一般人应该看不上眼的房子，不过我和太太看了一眼就觉得这就是我们想要的，而且交通方便，往返台北上下班也不是问题。

我们大概花了半年的时间打点好一切，将台北的房子卖掉，举家移居宜兰。记得当时出动了 3 辆 15 吨的大卡车，才将原来屋顶的植物运到宜兰。将原来屋顶 100 平方米满满的植物，移种到 20 倍大的土地上，被稀释到连边界都种不满的窘状，我们采用"以树养地"的方式，先种植大棵植物，经过一点一滴地打造，如今过了 8 年，已形成一座小森林的景象。

　　我们把这座小森林取名叫作"融融苑"，希望万物都能在此和乐共融、交融，不管是人类、植物，还是动物。当植物种类多了（粗略计算我们家有 500 多种植物），很多鸟类、昆虫也前来栖息，在我家的一棵树上，就可以发现好几十只独角仙，听得到虫鸣鸟叫，形成一个小小生态圈。身为主人的我，欢迎万物前来共享。

　　喜欢植物的人，渴望让植物有足够的生长空间。以前生活在都市，受限于空间，只能种在盆器里，搬到宜兰后，植物们可以自由生长，也

🌿 8 年前，还是光秃秃的景象。

🌿 经过 8 年的种植，绿意盎然。

才看出它们更多的可能性。以前已经知道的知识，或许只是出现在书里的内容，当自己真正种了一遍，更加踏实，体会也更加深切。

如果你以为种植经验丰富的我，所种植的植物就一定不会枯萎，那就错了。"四时生长皆有序，花叶枯荣必有因"，这是我近年来的种植体悟。我认为"师法自然，顺性而为"，才是养好植物的基本观念。这本书集结了我多年的种植经验，很基础，却非常全面与实用，几乎涵盖了所有种植与养护的大小事，不管是你只想在家中阳台种植一些盆栽，还是想要打造居家花园、菜园等，都非常受用。

如果你想让生活中能有这些美丽的花草相伴，享受园艺的乐趣，这本书绝对能满足你的期望。

1 基础篇

建立基本观念，掌握基本知识，
不管种植花卉、观叶植物，还是种植多肉植物，
都能为它们找到合适的养护方式。

根、茎、节、叶、花，快速解构植物构造

认识植物的基本构造，懂得欣赏，也懂得照顾

　　绝大多数植物的生长，都是由根部吸收养分、叶子进行光合作用、茎部负责传导运输，直到各个影响生长的因素皆具备，植物就会开花进行繁殖，如此循环不已，完成植物的生命周期。

植物的基本构造

1. 根：植物的根本

　　负责支撑，吸收介质中的养分、水分及空气。根部较粗大的部分，含有储藏的功能，又称贮藏根。主要吸收的位置，是位于根部最末端的根毛，大部分植物都有根毛，唯有少数植物（如水生植物）没有根毛。

　　不过，并非所有的根都为"有效根"。大家在换盆时，可观察植物的根部。如果是嫩嫩白白、带有根毛的根，才代表是具有活力、有效运作的"有效根"；如果黑黑枯枯，即为老化的根，已不具吸收力，仅剩储藏的功能（如果已经烂根，就连储藏功能也失去了）。

具备这样的基本知识，在进行换盆时，就会知道哪些老旧根需要剪除，哪些是必须保留的，这些是本章想要传递给大家的观念，看起来简单，却能提升实际种植的判断力。

2. 茎：植物的支柱

负责运输和传导。另外在发芽生长的位置，按照生长位置有顶芽、腋芽、不定芽之分。

3. 节：长出叶子的地方

茎上面长叶子的地方称作节，节和节之间称为节间。正常情况下，叶片经过汰旧换新，会自然从节上掉落，但如果有快速落叶的情形，就要特别留意，通常是因为错误的浇水方式，给予过多水或缺水所导致的。

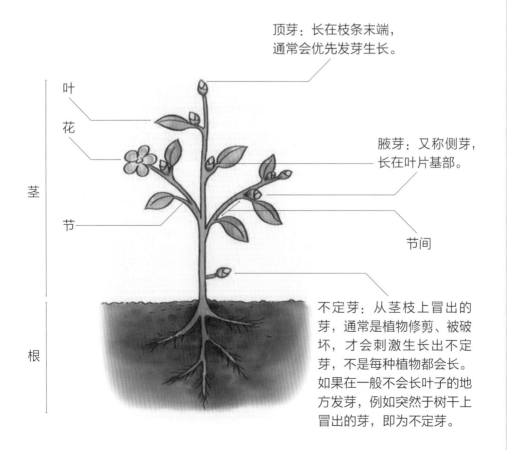

顶芽：长在枝条末端，通常会优先发芽生长。

腋芽：又称侧芽，长在叶片基部。

节间

不定芽：从茎枝上冒出的芽，通常是植物修剪、被破坏，才会刺激生长出不定芽，不是每种植物都会长。如果在一般不会长叶子的地方发芽，例如突然于树干上冒出的芽，即为不定芽。

叶
花
茎
节
根

4. 叶：负责植物的呼吸

叶片除了进行光合作用制造养分外，也是植物的抽水站，发挥蒸腾作用，牵引植物根部的水分上升到植物各部分。

5. 花：开花结果让生命延续

开花结果、产生种子是植物生长的目的，花朵形状、颜色也是园艺栽培的主要欣赏部分，后面会有更详细的介绍。

植物丰富的观赏价值

大家在小学的自然课本中，都已经了解了根、茎、叶的基本构造和功能，不过可惜的是，大部分人都很少带着这些知识去看待身边的花草植物。花朵、果实、叶片因为外形多变抢眼，比较受关注，但其实根、茎、芽也具有观赏之处。

如块根类多肉植物，圆圆胖胖的根受到许多人喜欢。仙人掌或有些特殊的植物，茎上的造型与斑纹也具观赏趣味。种子盆栽的发芽过程总是让人感受到植物的生命力，春天时枫树的芽转变成叶的过程，红通通的姿态美不胜收。植物的美，无所不在，就看你是否有细细品味了。

在我们经常可见的植物中，有些植物的花不甚美丽，或者花开在不容易看到的地方。也有许多植物是不会开花的，如蕨类植物没有开花的器官，不会结出种子，因此它们是靠孢子进行繁殖的。

植物开花的主要目的并非是让人们欣赏，而是为了"结果以传宗接代"。花有不同的形状、味道、颜色，可以吸引不同的对象来帮它们传授花粉。通常在夜晚盛开的花大多呈白色且具有香气，可吸引蝙蝠或蛾类前来传授花粉；又大又鲜艳的红花可以吸引鸟类前来；瘦瘦长长像喇叭形状的花，可吸引蝴蝶类；铃铛形与唇形的花则大多吸引蜜蜂。因为花朵的构造不同，所以吸引不同的对象前来，自然界的奥秘是不是很有趣呢！

繁星花是蝴蝶特别喜欢接近的对象。

刺桐鲜艳的红色花朵，容易吸引鸟类前来。

准备事项

乔木、灌木、藤蔓植物，特性大解析

乔木有明显主干，灌木主干不明显，藤蔓很会攀爬

有些人会以植物的高度来辨别乔木或灌木，不过这并不完全正确。应主要以有无明显主干来辨别，高度则为次要的参考，通常乔木可以长到树高 5 米以上，而灌木树高不超过 2 米。

快速掌握乔木、灌木的特性

木本植物是指茎部木质化的多年生植物，又可分为乔木、灌木。乔木有明显主干，长到一定高度时会开始分枝，一般常见的树木皆属于乔木，例如凤凰木、木棉、榕树、樟树等。灌木则没有明显主干，从地面开始就会长出很多枝干，一般来说植株会比乔木稍微矮小，如绣球、杜鹃、玫瑰、栀子等。

不管是乔木还是灌木，又依落叶的情形分成常绿乔木、落叶乔木、常绿灌木、落叶灌木。常绿乔木、灌木全年都会保持叶片繁盛的状态，即使叶片老化掉落后也会很快长出新叶；落叶乔木、灌木在一年当中有一段时间叶子会完全掉落，呈现光秃秃的样貌。

木本植物

乔木（高大，有明显主干）
- 落叶乔木
- 常绿乔木

灌木（低矮，无明显主干）
- 落叶灌木
- 常绿灌木

🌿 樟树，一年四季都很茂盛的常绿乔木。

🌿 枫香树，常见的落叶乔木。

🌿 绣球，落叶灌木。

🌿 杜鹃，常绿灌木。

了解这些植物的生长特性后，就可以为自家量身打造想要的景致了。想要有一棵四季皆可乘凉的大树，就选择常绿乔木；如果想要感受四季变化，就选择落叶乔木或灌木；如果想要围起矮篱，就选择常绿灌木。

利用藤蔓植物的攀附特性，打造围篱、阳台造型

　　藤蔓植物具有不同的攀附、伸展能力，可按照其特性应用。爬山虎、薜荔攀附性强，适合做墙面绿化遮阴；下垂延展性佳的蔓性马缨丹、常春藤，可做吊盆应用；百香果、炮仗花、锡叶藤，拥有扩展蔓延力，适合做花棚或绿篱。

　　藤蔓植物的茎无法直立，必须依附在其他物体上生长。根据茎部木质化与否可再分成**草质藤本**和**木质藤本**两种。草质藤本的体形较小，因为茎部柔软，放在吊盆中可以悬垂生长，或攀爬支架生长，按照生命周期的长短又分为一二年生草质藤本（例如牵牛花、丝瓜）与多年生草质藤本（例如洋落葵、黄金葛）。

　　木质藤本的体形较大，茎部木质化后比较强健，可以常年生长，适合种植于庭院中。按照落叶情形又可分为落叶木质藤本（例如紫藤、葡萄、使君子）与常绿木质藤本（例如九重葛、软枝黄蝉、蒜香藤）。

```
                          ┌─────────┐
                          │ 藤蔓    │
                          │ 植物    │
                          └─────────┘
              ┌──────────────────┴──────────────────┐
        ┌───────────┐                          ┌───────────┐
        │  木质藤本  │                          │  草质藤本  │
        └───────────┘                          └───────────┘
      ┌──────┴──────┐                        ┌──────┴──────┐
  ┌────────┐  ┌────────┐              ┌──────────┐  ┌──────────┐
  │  落叶  │  │  常绿  │              │ 一二年生草 │  │  多年生  │
  │ 木质藤本 │  │ 木质藤本 │              │  质藤本   │  │ 草质藤本  │
  └────────┘  └────────┘              └──────────┘  └──────────┘
```

🌿 牵牛花，一二年生草质藤本。

🌿 洋落葵，多年生草质藤本。

🌿 紫藤，落叶木质藤本。

🌿 炮仗花，常绿木质藤本。

一二年生草本植物，短暂的生命周期

种植一年就凋亡并非你的错，而是植物的特性

草本植物体形小，按照植物寿命又可分为一二**年生草本**与**多年生草本**，多年生草本可再分为**常绿多年生草本**以及**宿根性多年生草本**。

一二年生草本，只有一至二年的短暂生命

一年生的草本植物，生命周期不到一年，二年生的草本植物，则大概会超过一年，因为生命都很短暂，所以我们通常称它们为一二年生草本，如波斯菊、凤仙花、百日草、鸡冠花。这个类型的草本植物不管栽培技术再好，只要盛花过后或气候、温度不适时，就会自然凋零。

虽然栽培观赏的时间较为短暂，但是换个角度来看，这些花草将一生所吸收的养分，全心投注在开花上，绽放出最美丽的姿态，仍然非常具有观赏、栽种价值。

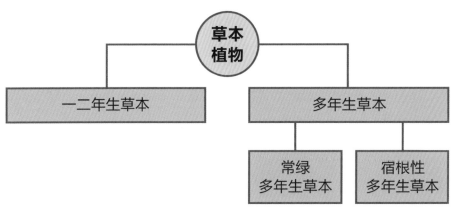

```
        草本
        植物
   ┌──────┴──────┐
一二年生草本        多年生草本
              ┌────┴────┐
           常绿        宿根性
         多年生草本      多年生草本
```

🌿 波斯菊，一二年生草本。

🌿 蜀葵，一二年生草本。

🌿 百合，宿根性草本。

🌿 粗肋草，多年生草本。

多年生草本，拥有顽强生命力

可以一直生长的草本植物，称为**多年生草本**，虽然也会因老化衰弱，不过会不断开枝散叶延续生命。多年生草本植物又可分成**常绿多年生草本**与**宿根性多年生草本**两种。

终年常绿、没有休眠期、拥有源源不绝的生命力的草本植物，称为**常绿多年生草本**，如粗肋草、观叶秋海棠。遇到特别热或冷的气候时，在地上的枝叶会枯掉，并利用土里的根部进行休眠，以抵抗恶劣环境，等待环境好转时，会再重新生长，称为**宿根性多年生草本**，根部发达的球根植物，如朱顶红、百合等皆为此类型。

🌱 朱顶红。

🌱 百合。

水耕植物与水生植物有何不同?

两者有截然不同的栽培方式，不要搞混了

水耕植物指的是无土栽培，将原本生长在土里的陆地植物，改用水来种植；**水生植物**则是指在生命的某个阶段，必须在水域中生长的植物。了解定义后，即能清楚区分两者的不同。

水耕植物只要用水就可以种植?

几乎每一种陆地植物都可以用水耕方式栽种，连耐旱的仙人掌也可以！但是对于种植新手而言，建议先挑选比较好种的水耕植物，如黄金葛、开运竹等，栽种时需经常换水，保持水质干净，即能常保植株健康。

水生植物的特性与种类

水生植物基本上不适合居家室内栽种，因为水生植物通常需要阳光暴晒，一般室内照明的强度无法满足此生长需求。水族馆里栽培的水生植物，因为有加强灯光补充照明，才能正常生长。因此，如果是户外庭院、屋顶以及阳光充足的阳台，就可以种植大多数水生植物。水生植物可分为以下几种。

1. 浮水性水生植物

能漂浮在水面上，水底不需要放泥土就可以栽培，如布袋莲、菱角、浮萍等。

🌿 布袋莲。

2. 挺水性水生植物

挺水性水生植物的根在水底泥中生长，茎叶会挺出水面外，如芋头、荷花、燕子花、水生鸢尾等。

🌿 花菖蒲是水生鸢尾，在日本非常风行。

3. 浮叶性水生植物

浮叶性水生植物的根在水底泥中生长，叶子会密贴水面，如睡莲、荇菜。

🌿 睡莲的外形与荷花相似，但荷花的叶子挺出水面，睡莲则是浮于水面。

4. 沉水性水生植物

植物体完全沉在水中，根不一定生长在泥里，开花时花朵大多会露出水面外，如水蕴草、虾藻。

🌿 虾藻的叶片呈流线型且柔软，即使水流湍急，也不会被折断。

多肉植物不用浇水也能活?

可以不用每天浇水，但是每次浇水都要浇足

多肉植物可以忍受干旱，所以不用天天浇水，因此有"懒人植物"的称号，不过并不表示可以对它置之不理。浇水间隔时间比一般植物长，但浇水时仍要掌握土壤干时一次浇透的原则。

多肉植物要如何照顾?

多肉植物有许多不同的种类，不过基本上特性相似，养护的方式也大同小异，几乎都需要全日照（只有部分例外），如果光线不足，容易徒长细长或色泽不佳。

有些多肉植物的构造特殊，植株容易滞留水分，浇水时要特别小心，避免让水分残留在植株上。如石莲花的叶片或带有毛的仙人掌，水分会滞留在芯部，当阳光照射时就容易从芯部腐烂，需要特别注意。有些多肉植物具有休眠性，休眠期应该避免浇水。

另外，种植环境需保持通风，避免闷热潮湿，即能减少病虫害的发生。如果不幸有病害发生，初期可以将染病部位剪除，如仍有蔓延的情形，建议整株丢弃，以免传染给其他健康植物。

🌿 玉露的叶片末端透明，能够透光。

🌿 月兔耳的叶片有灰白色的短茸毛，摸起来有特别的触感。

多肉植物的种类

多肉植物的造型可爱多变，吸引不少爱好者。多肉植物是由 3 种植物器官特化 * 而成的。

1. 叶片肥厚的多肉植物

阿福花科和景天科的多肉植物，每种叶片构造和形状都有其特色。例如阿福花科的芦荟、鹰爪草类；景天科的虹之玉、石莲花等。

🌿 叶多肉化的芦荟，是常见的多肉植物。

🌿 景天科的胧月，是常见典型叶片肥厚的多肉植物。

*植物因为功能、适应力等方面限制，使其细胞、组织、器官，甚至个体结构产生改变，称为特化。

2. 茎部肥厚的多肉植物

仙人掌科、大戟科多肉植物多属于此类，外形相当有个性。

🌿 仙人掌茎多肉化，为最具代表性的多肉植物。

🌿 小花犀角的花瓣密布红褐色毛，花朵具有腐肉臭味。

3. 根部肥厚的多肉植物

即块根类多肉植物，根部肥大，具有独特的观赏趣味。

🌿 根多肉化的紫晃星，会开出紫色的花朵。

🌿 人参大戟的根多肉化。

食虫植物需要喂虫或施肥吗？

食虫植物靠光合作用和捕食昆虫，即可生长

食虫植物因为生长在贫瘠的环境中，演化出具有捕食动物的构造，替自己增加养分的来源，基本上不需要施肥就可以生长。但为了促进生长，施肥仍是有所帮助的，只是食虫植物的根系对于肥料较为敏感，建议施肥量要比肥料包装所建议的用量还要少，例如液体肥料就要加倍稀释，以避免造成肥伤。

会抓虫的植物都是食虫植物吗？

食虫植物又称为肉食植物，简单来说，就是指演化出特殊构造，能捕捉昆虫等小生物，并且可以分解、吸收的植物。有些植物的叶子具有黏性，虽然可以抓虫，却不能消化吸收它们的养分，所以无法称为食虫植物。

很多人觉得食虫植物很可怕，好如电影里会出现的食人花，但其实它们拥有强大的生存韧性，为了在贫瘠的环境中生存，进化出捕捉昆虫的本领来补充营养、延续生命。

食虫植物的捕虫法

食虫植物主要生长在潮湿的环境中，拥有独特的构造与鲜艳的外表，借以吸引昆虫的注意，而这些特殊的魅力，也使很多爱花人对食虫植物情有独钟。按照捕虫方式，可分为以下 3 种。

1. 陷阱式捕虫法

利用陷阱捕捉的食虫植物，拥有囊状中空的构造，会散发出特殊的颜色及气味吸引昆虫，上面的开口处很滑，昆虫很容易不小心掉下去，掉入后很难爬出，如猪笼草、瓶子草。

🌿 猪笼草的捕虫笼有很多种形状，像漏斗形、圆形、卵形、球形等。

🌿 瓶子草有漏斗形状的陷阱，并产生酵素来分解掉入的猎物。

2. 粘黏式捕虫法

此种食虫植物的叶子会分泌黏液，散发出气味吸引昆虫前来。它们的叶片黏液含有消化酵素，会将昆虫慢慢分解，如毛毡苔、捕虫堇等。

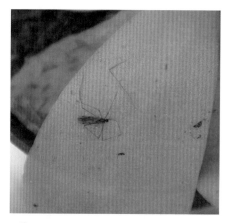

毛毡苔的叶片边缘充满会分泌黏液的腺毛，当昆虫落在叶面时，就会被黏住。

捕虫堇的叶片会分泌黏液，将昆虫黏住。

3. 捕兽夹式捕虫法

植物叶片的构造像蚌壳一样，等虫子掉进去后就会密合住，等到消化完才会再打开，最后只留下昆虫残骸，如捕蝇草。

捕蝇草可以迅速地关起叶片，以捕食昆虫。

观叶植物、观花植物，如何选择？

这几年观叶植物深受喜爱，如蓬莱蕉、蔓绿绒等，有些特殊品种价值不菲，建议入门新手先从好种植、价钱可负担的品种开始种植，如果只是一头热地大行采购，种植基本功都还没有练好，很容易以失败收场。

观叶植物，欣赏不同叶片的独特性

观叶植物的叶片形状、质感、斑纹、色泽都有不同特色，具有观赏价值，如常春藤、黄金葛、合果芋、蔓绿绒、变叶木等。

记得我考上松山工农园艺科后，逛花市时，所买的观叶植物是小白网纹草，叶片密布白色网纹，真是惹人怜爱呢！后来还出现红网纹草，让绿油油的室内观叶植物颜色中，多了一些亮丽的色彩。不过种植像红网纹草这样带有颜色的观叶植物时，应留意光线要充足，才能保有纹路的鲜艳度。

如果硬要说观叶植物的缺点，就是比较欠缺鲜明的颜色。望向花市、花圃的室内观叶植物区，几乎都是一片绿，只能通过少数具有白、黄、银斑的观叶植物，帮绿意加点变化，或加入竹芋类、网纹草、观叶秋海棠等叶色丰富一点儿的观叶植物，但是如果在较大的室内空间中，因为彩度实在太低，产生的色彩效果也相当有限。

🌿 观音莲的叶片有美丽的脉纹。

🌿 蛤蟆秋海棠叶片有金属光泽。

🌿 叶片又大又红的亚曼尼粗肋草，能为一片绿油油的观叶植物带来画龙点睛的效果。

观花植物，鲜艳色泽带来缤纷生活

观花植物拥有丰富多变的花形与花色，如大家熟悉的玫瑰花、菊花、樱花等，拥有多种花色可以欣赏。而观花植物甚至是旅游观光的重点，如阳明山花季，就是因为种多种植物花卉而颇负盛名。

选购观花植物时，可以挑选种植于5寸（1寸=3.33厘米）盆内的盆花植物，且已经花开茂盛，不必再经过培育的阶段，马上就有花可赏。或购买不同开花状态的观花盆栽，有的已盛开，有的花苞多，可以让花朵接续开花，在家就能一直欣赏到绽放的花朵。

🌱 金鱼草的花形很像金鱼圆圆胖胖的尾巴，因此得名。

🌱 美女樱很像多朵小樱花聚集而成，非常小巧可爱。

🌱 三色堇的花形很像猫脸，有"猫脸花"之称，拥有丰富多变的颜色。

秋海棠与喜阴花。

想种植香氛植物，
有哪些选择？

香花植物、香草植物，为生活增添更多迷人气息

具有香味的植物除了可以散发芳香怡人的气味之外，经过加工后还可制成香包、芳香剂、保养品、沐浴乳、香水等，或作为料理、茶饮，用途广泛，和我们的生活密不可分。

香花植物，天然芳香剂

香花植物指的是花朵会散发出宜人香气的植物，有的味道浓烈，有的则是会散发淡淡的清香。不过，每个人对于香气的感受不同，如大家很熟悉的玉兰花，有些人可能对它的味道深深着迷，有的人可能觉得浓烈到会头晕，建议挑选时，亲自到花市嗅闻一番，找出自己喜欢的气味。

常见的香花植物

灌木： 桂花、茶梅、玫瑰、七里香、夜香木、栀子。

乔木： 梅花、缅栀、艳紫荆、香水树。

藤蔓：飘香藤、紫藤、使君子、忍冬、茉莉。

草本：紫罗兰、紫茉莉、紫芳草、野姜花。

水生：莲花、睡莲。

球根：风信子、水仙、文殊兰、百合。

🌿 清香的白玉兰，常
被使用于保养品和
香水中。

🌿 桂花的香气持久，
可以做成糕点、泡
茶、酿酒。

🌿 茉莉有浓郁的香气，
泡成茶饮就是常见
的茉莉花茶。

香草植物，可防虫害？

大家都知道香草植物具有实用性，可加入料理中提味，也可以泡成茶饮享用，如薄荷、柠檬香茅、甜菊、薰衣草、德国洋甘菊、柠檬香蜂草、罗勒、百里香、迷迭香、茴香、奥勒冈等，都是大家熟悉的香草植物。

香草植物的特殊气味，可以产生"忌避作用"（散发出的气味可以隔绝昆虫或病害的入侵），防止害虫危害植物。不过，这不代表香草植物就"百虫不侵"，在我的种植经验里，有的香草植物的确有好几年都没出现过害虫，但也有的被虫子啃得坑坑洞洞的。香草植物的种类很多，分属于不同的植物科属，其植物体内蕴含的成分差异大，而且气味浓度与分布部位不同，害虫还是有侵害的可能。

🌿 罗勒就是九层塔，中式、西式料
理和泰国菜都常使用。

🌿 芳香万寿菊具有百香果的气味，
很适合冲泡饮用。

🌿 薄荷清凉的香味，常用于药品、
饮料中。

🌿 迷迭香的花、叶、茎，都能提炼
成芳香精油，很受欢迎。

生命短暂的草花植物，
如何挑选搭配？

草花虽生命短，但观赏价值高，是很好的点缀植物

草花植物指的是在花市里，使用3寸黑软盆种植的草本或木本观花植物苗株，可依气候分成凉季草花、暖季草花。

凉季草花在十一月至来年三月上市，常见的有三色堇、金鱼草、香雪球、四季海棠、五彩石竹、非洲凤仙花等；暖季草花则是在四月至十月登场，常见的有桔梗、向日葵、紫茉莉、蜀葵、鸡冠花等。

依种植环境，搭配草花植物的比例

一般人选购植物时，会希望自己的花草能够活得长久，因此选择种常年生长的植物，如九重葛、桂花、茉莉花等。这些植物生命期长，但在观赏上，植物的色彩较单一，有时一年只有短暂的开花时间。若选择种植草花植物，虽然生命短暂，但在观赏上，各色花朵争奇斗艳，可以造就花园缤纷的色彩。

想要兼顾经济与美观，建议采取折中方式，先考虑种植的环境，再搭配植物的比例。例如利用多数生命周期长的植物，提供绿意的主架构，再搭配两三成的草花植物来增添色彩，即能兼具绿意与缤纷。

🌿 向日葵虽然生命短暂，但盛开时能够吸引人们观赏。

🌿 荷包花的形状就像钱包，非常可爱。

🌿 毛地黄的花朵像一串铃铛，但要小心它的毒性很强，不可误食。

🌿 五彩石竹的花色丰富，花瓣边缘呈现锯齿状，很特别。

🌿 松叶牡丹全年只有冬天不开花，其他季节都绽放。

🌿 非洲凤仙花有超强的生命力，非常容易开花，很适合新手种植。

🌿 热情如火的鸡冠花，是由很多小花共同组成的。

具有其他用途的植物

植物不只观赏用，还有很高的实用价值

植物和我们的生活密不可分，很多植物都具有极高的经济价值，经过加工后，遍布在我们的日常中。

1. 食用植物

金橘、西红柿、草莓、辣椒、九层塔等，都是很受欢迎的盆栽，是居家生活良伴。

2. 药用植物

金线莲、艾草、桔梗等，都是常见的药用植物，虽然具有药效，但不建议随意食用。

3. 染料植物

植物也是天然的染剂，经过特殊的加工提炼，就能释放出美丽的色彩。山蓝、木蓝、紫草、红花等都是染料植物。

🌿 金线莲的叶片具有独特的斑纹。

4. 淀粉植物

马铃薯、甘薯是很重要的淀粉植物，为人类摄取淀粉的主要来源，加工后制成各种粉类及食品，成为不可或缺的经济作物。

5. 油料植物

向日葵、芝麻、橄榄、落花生等，都是常见的植物油来源，具有多重的经济价值。

6. 纤维作物

棉花、苎麻、黄麻、虎尾兰等植物的种子绒毛、茎皮、叶片等部位富含纤维，可以编织使用。

🌿 红花是中药材，也是传统的天然染料。

🌿 芝麻原来会开花？是的，而且它们的花朵呈白色和紫色，为一年生的植物。

如何避免接触到有毒植物？

不碰触植物汁液，就能隔绝大部分危险

虽然有些居家常见的植物具有毒性，但是大家也不必过于紧张，只要避免误食或接触到其汁液，基本上不会有特别的危险。

造成中毒的三大原因

1. 触摸到汁液

到野外或山上不小心接触到某些植物（如咬人猫、咬人狗），会引起皮肤痒，不过一般居家种植的植物，并不会因为触碰枝叶外表而引起不适症状，通常是接触到植物汁液，才会有痒、痛的情形。

天南星科植物的汁液里有草酸钙结晶，皮肤碰触到就会发痒，所以洗芋头手会很痒，因此大家在进行园艺养护工作时，戴上手套比较安全。

2. 误食后中毒

误食是最主要的中毒途径，通常是误信为食材或药用植物，或是口欲期幼童、宠物误食，只要稍加留意，是可以避免的。

3. 借由空气传播

花粉热就是通过呼吸造成的一种植物中毒，造成过敏不适，引起打喷嚏、流鼻涕、眼睛痒等症状。例如，日本杉木的花粉造成的花粉热就相当严重，但在台湾地区花粉过敏的案例相对较少发生。

居家常见的有毒植物

1. 天南星科植物

芋头类、蔓绿绒、黛粉叶、黄金葛等。

2. 五加科植物

常春藤、福禄桐等。

3. 夹竹桃科植物

颜色鲜艳的黄蝉花、夹竹桃等。

🌱 接触黛粉叶的汁液，会使皮肤发痒起疹子。

🌱 常春藤的汁液会引起过敏。

4. 大戟科植物

麒麟花、青紫木、绿珊瑚等。

5. 球根花卉

大部分球根花卉都含有毒素，那是生存所演化的结果。

🌿 夹竹桃包含多种毒性，千万不可误食。

🌿 叶背呈红色的青紫木具有毒性，又称为红背桂。

🌿 水仙。

球根植物种一次就得丢弃？

温带球根大多只种植一次，热带球根可生长数次

球根植物又称球茎植物，它们有肥大的根或茎，可以储存养分。因为生长气候特性的不同，并不是每一种球根植物都可以一直种植。在台湾地区的气候条件下，有的种过一次后，很难再度开花。

郁金香、西洋水仙，开花需要低温刺激

球根植物大概可分成两种，一种是温带球根，如郁金香、风信子、西洋水仙等，需要低温打破休眠才能开花。

这种球根植物在台湾地区湿热的环境下，夏季很容易生病腐烂、叶子枯萎，或因为球根无法累积养分，造成新球根无法成熟，花芽分化不完全，不易再开花，所以建议这种球根植物来年不要再继续种。

朱顶红、百合，可多次生长，年年开花

另一种为热带、亚热带球根，如朱顶红、百合，不需要在很低的低温下才能进行花芽分化，很符合台湾地区的生长环境，所以来年能顺利再度开花。

🌿 郁金香（左图）和西洋水仙（右图）的球根，不易再度开花，种过一次后即可丢弃。

特别注意的是，在百合花谢后，不能将梗剪除，必须留下花梗继续累积球根的养分，大约等到秋天，梗就会自行枯萎，这时再让它自动分离，就能养出新的球根，球根的养分充足，来年开的花就会越好、越漂亮！

**花草
小教室**

西洋水仙、风信子的球根有毒，如果误食将会有危险，应特别小心。很多人会觉得球根植物不易种植，最常遇到的状况就是球根腐烂。球根的需水量不多，如果以水栽种，最好选择透明浅盘，方便观察根部的生长情形，如果发现有腐烂情形，就要尽快丢弃，以免影响其他球根的生长。如果以土壤种植，则要选择排水良好的介质与盆器

🌿 漂亮的风信子球根有毒，应小心！

影响植物生长的条件有哪些？

光、空气、水，温度、湿度和养分，缺一不可

想要让栽培的植物生长得好，就一定要了解植物的基本需求，是新手种植前一定要掌握的要领。

植物生长的必要条件

1. 充足的光线

光线是植物生长的关键。每种植物对光线的强度需求不同，有些喜欢晒太阳，有些喜欢阴暗处，所以在挑选植物种植前，要先考虑环境可以给予的日照时间及强度。

2. 合宜的温度

植物有其适合生长的温度，按照植物原生环境的不同，有些喜欢高温，有些耐低温；有些花在凉季开，有些在热季开；有些会因为太冷或太热休眠、落叶。台湾地区四季温差不大，且高温期长，大部分都是能耐高温的热带植物，也有少部分生长于高山地区的温带植物。

3. 适当的水分

给予植物适当的水分，才能够维持正常的生长。有些植物耐旱，在略干的环境下反而会刺激开花，有些则是因雨而开花，要根据植物原生环境的不同而定。视植物的习性给予水分，是种植的要领。

4. 流通的空气

空气越流通，对植物生长越好。在通风良好的环境下，植物较能顺利生长，病虫害也相对减少。植物的叶子白天进行光合作用，吸收二氧化碳放出氧气；夜晚起呼吸作用，吸收氧气放出二氧化碳。但植物的根部任何时候都是进行呼吸作用，因此植物根部需要大量氧气，如果因为介质太潮湿造成空气流通不足，使植物根部缺氧，就会对植物的生长有害。

5. 合适的湿度

来自热带雨林的植物，非常喜欢潮湿的环境；来自沙漠的植物，就喜欢干燥一点儿的环境，植物原生环境不同，在生长习性上也有所差别，但大部分植物都喜欢生长环境较潮湿一点儿。

6. 恰当的养分

若植物栽培介质含有适当的养分，对植物的生长是有益处的。有些原本生长在沙漠或潮湿沼泽地的特殊环境中，这些地区本身就没办法提供太多养分，若给予这些植物过多养分，反而会妨害植物生长。例如供给仙人掌太多养分，反而会造成茎部裂开，因此养分的多寡要视植物原生环境而定。

植物要长得好，光、水、空气、养分等，都是基本条件。

我家种什么植物比较好呢？

先考虑种植目的，再挑选合适植物

种什么植物比较好？什么植物最好养？什么植物最容易养得活？这些是很多刚开始接触植栽的新手们优先考虑的问题。

选对合适的植物，才能成功种植

我通常会问大家："你要种在室内，还是室外？种在阳台，还是屋顶？种植的空间有多大？光线照射程度如何？平常有多少时间可以照顾？浇水会不会麻烦？喜欢什么花色？花要不要有香味？预算多少？有没有忌讳？喜欢坚强耐活的，还是开花美但是寿命短的？"

让大家回答以上问题，其实就是要请大家先评估栽培能力与种植目的。了解自己栽培植物的需求、时间，以及嗜好，再来选择要种植的植物。选对了，就会得心应手；选错了，花费许多心力可能也无法得到很好的回馈。

挑选植物的三大要点

1. 按照观赏目的来挑选

想要增添绿意，可挑选观音莲、黛粉叶、蔓绿绒、山苏、彩叶芋、千年木等观叶植物。想要制造缤纷色彩，以观花植物为主，如矮牵牛、三色堇、百日草等，或圣诞红、仙客来、朱顶红等类型的盆花植物。

如果想要具有实用价值，选择可食用的蔬菜，或薰衣草、薄荷、迷迭香等可入菜或泡茶的香草植物，或桂花、茉莉花、栀子等有香气的香花植物。

🌿 薰衣草和桂花拥有特殊香气，制作成茶饮，风味迷人。

2. 以时间多寡来挑选

平常忙碌、没有太多时间照顾植物的人，建议选择观叶植物，或俗称"懒人植物"的多肉植物、气生性兰花、空气凤梨等，或挑选茎干大、养分和水分储存较多的植物，即使疏于照顾，也不会有立即的生命危险。

如有充足的照护时间，且有兴趣深入研究学习，可以挑战难度较高的植物，如盆花植物、果树盆栽等，再按照植物不同属性，给予合适的照顾。

3. 依个人喜好挑选

有人特别喜欢兰花，有人偏爱茶花，相信各位爱花人各有所好，因此选择自己喜欢的植物种植，从中观察学习，并且慢慢培养种植的嗜好。可以加入各种植物社团，与共同爱好者们切磋学习，更容易精进。

🌱 盛开的灯笼石斛。

居家园艺要准备
哪些必备工具？

工欲善其事，必先利其器

　　拥有好用的园艺工具，可以让种植更加上手，可以按照个人的需求斟酌使用！本节将分享我个人常用的工具。

常用的园艺工具

1. 修剪工具

　　利用剪定铗、万用剪刀，修剪木质化的枝条或不良枝、残花、枯叶。

2. 浇水工具

　　选择大小合适、好拿易握的浇水壶，较方便浇水。也很推荐使用气压式喷雾器，可均匀喷湿幼苗及叶片，也是施液体肥料的好工具，可减少手部重复按压的次数，较为省力。

🌿 利用剪定铗修剪粗枝，较不费力。

如果种植空间较大，可选择多段式喷头浇水器，有莲蓬头、小水柱、雾状等喷法，可依植株的状况调整，也更为省时省力。

3.挖掘工具

利用铲子进行施肥、填土、除草等维护工作。如果是中大型植物，可以用圆锹、锄头挖洞种植。耙子可翻松土壤、清理草坪或土壤上的树叶。

4.防护工具

当种植的植物较多时，最好穿戴围裙，避免衣服沾染树汁、泥土，并戴上手套，避免手部被刺伤或受到汁液刺激。

5.辅助工具

可以在盆栽上插标签，标注植物的名称、日期等数据。或准备一本笔记本作为种植栽培日记本，将浇水时间、施肥时间、剂量等信息记录下来。

🌿 气压式喷雾器。

🌿 适合大花园的多段式喷头浇水器。

🌿 专门挖除酢浆草的地下球茎或深根性杂草的工具。

🌿 园艺用手套较为厚实，可保护手部。

🌿 我的种植笔记本，上面记录浇水时间、生长状况等。

如何挑选品质良好的植栽?

培养敏锐的观察力，一眼看出好植栽

选购植物和购买其他产品一样，必须仔细观察产品细节，这些细节可能就是植栽健康与否的关键!

掌握四大关键，挑选质量优良的花草

1. 选择当季生产最多的植物

购买植栽时，应挑选当季最多、最应时的种类，就像购买当季盛产的水果是最新鲜的道理一样。

建议新手挑选时，以市面上最常见的品种为优先，这些品种代表市场接受度高、农民培育生产顺利。同一类型的品项里，有许多不同的品种，以空气凤梨为例，有的品种叶细，有的叶粗，叶片粗厚的品种会比较好种植。如果想种特定的稀有品种或国外品种，建议园艺技术提升到一定的程度再考虑。

2. 选择丰盛、密实的植株

选择同种盆栽时，避免挑选长得最高的植株。因为长得太高时，可能是因为生长环境不适合，贩卖的时间太久，或生长环境太拥挤，导致植株生长过高，并不代表是健康的植株。应该选择外表看起来比较丰润、圆满、密实的植株，即使有点儿低矮也无妨。

🌱 选购长得丰盛、圆满的植株。

3. 选择叶片完整、茂密的植株

挑选时需注意植物的叶片是否完整、茂密，叶片颜色要翠绿有光泽，叶片上有无异常枯焦斑纹，叶片的背面有无虫类滋生，植株有无枯叶、落叶，这些都是判断植物是否健康的方法。

🌱 叶片完整、茂密的植株，是健康的象征。

4. 选择花苞数量多且分布均匀的植株

购买开花植物时，勿选择全是花苞的植栽，而是要选择一部分已经绽放（已开花，可辨别花色），但不要全开满，且花苞数量多、分布均匀。

如果购买全是花苞的植株，从花苞到完全盛开需要很长时间（例如菊花），在购买时选择已经开出六七成花量的，回家观赏才不会等待开花时间过长。

🌱 选择花苞数量多且分布均匀的开花植物。

很多人会问我："这个季节种什么花比较好呢？"通常我都会回答："当季在花市卖得最多、最易买到的花，选它就对了。"

衣服要换季，花也要换季，花市里的植物，最能呈现各个季节的风貌。所以如果你希望自己的花园、阳台或居家空间，有不同的植物或花色，就要在不同的季节到花市挑选应时的花卉，才能让居家环境布满各形各色的植栽。

基本知识

准备事项

2 种植篇

容器、环境、介质、光照、温度等，
都与植物的生长息息相关，
需要按照它们的特性与需求，给予合适的栽培环境。

容器

哪一种材质的盆器比较好？

塑料盆轻巧便宜，瓦盆吸水性佳，各有优缺点

盆器的材质众多，以天然材质制作的有椰纤、椰壳、蛇木、竹筒、泥炭、纸纤等；以泥土烧制的有瓦（素烧）、红泥、铁砂、陶瓷等，还有塑料盆、金属盆、玻璃盆等。利用各种材质的盆器，为植栽营造不同的风格。

依目的选用合适的盆器

1. 塑料盆，经济实惠

塑料盆是最经济的盆器，质轻、便宜，不过同为标示 PP 的塑料盆，因为用料不同、盆子厚度不同以及是否添加抗紫外线的成分等，会让耐用程度大不相同。

一般常见的吊盆植物，以及 5 寸或 7 寸的盆花使用的白色塑料盆最不耐紫外线照射，摆放在阳光照射处，一两年盆器就会变色、脆化。红泥色的 3～7 寸栽培用的薄塑料盆其次，晒久了会褪色并产生裂痕。材质厚且在盆身雕花或制作材质纹路的塑料盆，较为耐用。

2

种植篇

060

🌿 白色塑料盆最不耐紫外线照射。

🌿 红泥色塑料盆久晒易裂。

🌿 雕花有纹路的塑料盆最为耐用。

2. 瓦盆，机能性质佳

瓦盆可以隔温、吸水，但透气有限。因重量足够，适合栽种植株高大或容易头重脚轻的植物，盆子加上介质的重量后，通常可以提供足够的支持力，避免植栽倾倒。

没上釉的瓦盆可以吸收介质中的水分，由盆壁蒸散，适合用来种植根部怕湿的植物，如气生兰、多肉植物等，使用前务必先泡水，让盆器潮湿，以免干燥的盆器吸干刚换盆的介质水分。

🌿 瓦盆重量足够、价钱适中，能提供足够的支撑力。

环境

介质

光照

温度

3. 艺术盆器，美观装饰用途

红泥盆、铁砂盆等盆器的特性和瓦盆相似，不过价格贵很多，尤其是画鸟雕花的艺术盆器，常被用于盆景界与兰花界。虽然价格不菲，但是如果配上合适的植物，就能互相彰显价值。

上釉的陶盆和瓷盆功能上与塑料盆无异，只是盆底大多只有小小一个排水孔，甚至没有孔洞，容易造成水分积于盆器内，所以建议以套盆的方式使用。这两种盆器通常观赏价值大于实用价值，通过植物与盆器的搭配，可以营造出不同的视觉风格。

🌿 上釉的陶瓷盆器，建议以套盆方式使用。

花草小教室

其实各种锅碗瓢盆、蛋糕盒、雨鞋、安全帽等，只要可以盛装介质，拿来种花亦无不可，不过容器底下最好有排水孔，能让多余的水排出，避免底部积水。

换盆时，尺寸如何选择？

循序渐进地换盆，才能让根系健全发展

换盆时，掌握新盆比旧盆大 1 ~ 2 寸的原则（生长旺盛的植物不受限），例如 3 寸盆可换到 4 ~ 5 寸盆，5 寸盆可换到 6 ~ 7 寸盆。

盆器不是越大越好

为什么不能将 3 寸盆的植物一口气换到 10 寸或更大盆径的容器中呢？直接换到大盆器不是比较省事吗？并非盆器越大对植物越好，反而会有以下的问题。

1. 根系无法密集生长

在盆器里，盆底与盆壁是空气与水分分布最多的地方，根系会朝向这两个地方发展，当我们将盆器取下时，可以发现根系会沿着盆底与内壁密集交错。如果换到过大的盆器，在根系直冲盆底与盆壁的情况下，容易造成根系细长且稀疏，植物生长就难以旺盛。循序渐进地换盆，才能让根系渐进式地发展，维持多又密的状态。

🌿 太大的盆器，会让根系变得细长稀疏。

2. 不易控制浇水量

过大的盆器，浇水的量不容易拿捏，可能会因为过多给水导致植物死亡，因此循序渐进地换盆才是适当的方式。

🌿 盆器太大，容易给水过多或太少。

花草小教室

种植于室内的植栽，通常会在盆器底下垫一个水盘，用来承接浇水后的多余水分。不过需要特别注意，多余的水分要随手倒掉，避免水盘的水分积累太多。因为水盘的水会阻碍空气进出，长久下来，根部排泄的废物与过多的肥料会累积在水盘的积水里，导致植物根部生病或生长不良。

新买的盆栽，
需要立即换盆吗？

当植物生长空间不足，就得换盆

当植物越长越大时，根也越长越长，原本的盆器可能会局限植物的生长空间，这时就要准备帮植物进行搬家工程，换到大一点儿的盆器，植物才能继续茁壮成长。

五种状况，就要考虑换盆

何时需要换盆，视植物的生长状况而定，如果有下列几种状况，就表示必须立即进行换盆工作。

1. 浇水过后，盆栽仍然缺水

为什么刚浇过水的盆栽，仍然出现缺水的状况？问题可能在于植株生长过于旺盛，造成叶片水分蒸散量太大，当盆子太小、介质少，加上介质保水力不足时，就很容易出现浇水后不到半天，植物又出现缺水的状况，这种状况在烈日高温与风大的季节里最为常见。可以通过修剪过密叶片、更换介质与移植到较大的盆器来改善。

环境

介质

光照

温度

🌿 浇水后叶片仍呈现干枯状，可评估是否需要换盆。

2. 盆栽容易倾倒

当盆栽出现"头重脚轻"，大风一吹就容易东倒西歪时，为了植物的生长与安全性（避免盆器倾倒掉落造成意外），建议移植到较大、较稳重的盆器中。

3. 根系外露

当介质表面或盆底可以看到根系露出时，表示盆器内的空间已经容纳不下根系的生长，需要帮它们换到更大的空间，才能得到更好的生长。

🌿 根系钻出盆外，代表需要换盆。

4. 生长缓慢甚至停滞

当你给予植栽合宜的成长环境、妥善的管理维护，但是仍有生长障碍时，可以检查是否因为盆器太小导致根系纠结，或介质劣化让根系生长不良，试着换盆并更换介质来改善。

5. 幼苗盆栽

有时从花市购买 1 寸菜苗类的穴盘苗，或 3 寸草花类的黑软盆苗，回家就需要立即进行换盆，后续才能顺利成长。

花草
小教室

从花市买回来的盆栽，想要换到漂亮的容器里可以吗？大部分从花市买回来的盆栽已发育健全，是可以直接进行换盆的。

不过对于盛开的丽格秋海棠，建议等到花谢后再换盆，因为花草盛开时是最需要水分的阶段，这时进行换盆，会让根系暴露在空气中，须根接触空气容易坏死，造成正在开花需要根部大量用水的植株，产生花朵凋谢的情况。如果觉得原本的盆器不美观，可以先以**套盆**的方式装进盆器里，而不要进行换盆。

换盆的六大技巧

在对的时间换盆，才能让植物长得更好

　　换盆是有时间性的，除了幼苗之外的盆栽，换盆要按照植物生长季节与温度等气候条件来决定时机，不能随意说换就换！

六大重点，换盆不失败

　　当家中盆栽需要换盆时，请牢记以下换盆的六大重点。

1. 准备合适的材料

　　帮植物搬新家，请先准备好新家所需要的盆器、介质、肥料等资材，以免操作一半时缺东缺西，致使换盆无法顺利完成。

2. 换盆前不要浇水

　　如果决定明天进行换盆，今天就暂停浇水。因为浇了水的盆栽土壤较潮湿、重量较重，会增加操作的困难度。

3. 适度修剪叶片

　　植物根部是吸水的器官，叶子是用水的器官，如果吸水与用水量差距过大，就会造成失衡现象。在换盆的过程中难免会伤害到植物的根部，适度地修剪叶片，可以让两者维持平衡，降低失调的可能性。

4. 去掉 1/3 旧土

把植株从旧盆中取出换盆时，通常会伴随着旧土，可以稍微拍掉一些旧土，若土的状况不良、硬化而没有养分，导致植物的根部纠结，则可以剪除外侧根团，但不要去除太多，大约 1/3 就好。

🌱 适度修剪叶片。

5. 换盆后浇水

大多植物在换盆后，需要充分浇水，避免缺水。不过多肉植物、仙人掌、肉质根的兰花等植物怕潮湿，伤口愈合前浇水容易让病害入侵，需等一周后，让伤口干燥愈合后再浇水，避免影响植物生长。

🌱 剪除外侧根团。

6. 注意换盆的时间

大多数植物换盆的最好时机是在春、秋两季；夏季以阴天、雨天和夜晚最为适合。不过像枫树这样的落叶树种，在冬季休眠期换盆，对植物伤害最小；热带的观叶植物及兰花，因为适合生长在夏季，所以天暖进行换盆，恢复生长才快；常绿植物，可视生长的特性，在凉爽的时节进行换盆，如桂花在三月换盆会比七月更好。

容器

环境

介质

光照

温度

069

幼苗换盆的技巧

帮 3 寸草花类换盆，让生长顺利

从花市买回来的 3 寸草花类的黑软盆苗，最好立即进行换盆，植株后续才能顺利成长。

幼苗换盆步骤

1. 准备材料与工具

准备比旧盆大 1 ~ 2 寸的盆器、合适的介质、肥料和纱网、铲子等工具。

2. 盆底垫上纱网

先将纱网垫在盆底，可避免介质流失，并防止害虫从盆底入侵。

3. 加入一半的介质

用铲子将介质加入盆器中，记得先加一半就好。

4. 加入肥料混合

将肥料加入介质里，并均匀混合。

5. 测试高度

将盆苗试放入新盆器中，看看高度是否适宜，再进行调整。

6. 观察根系

将植株从黑软盆中取出，观察根系。如果根系白净，表示生长良好，直接种植即可；如果发黑，可以修剪败根，以促进新生。

7. 种入新盆

将植株放入新盆器中，填满介质。

8. 浇水

充分浇水，换盆即完成。

小盆换大盆的技巧

让植栽得到更好的生长空间

随着植物渐渐长大，原本大小的盆器已经不能使用，必须进行换盆作业，避免过于拥挤，影响生长。以下为粗肋草的换盆示范。

小盆换大盆步骤

1. 准备材料与工具

准备比旧盆大 1 ~ 2 寸的盆器、合适的介质、肥料和纱网、铲子等工具。

2. 盆底垫纱网

将纱网垫在盆底，可避免介质流失，还能避免害虫入侵。

容器

环境

介质

光照

温度

3. 加入介质与肥料

将一半的介质加入盆器，再将肥料倒入介质中混拌均匀。

4. 测试高度

将植株连盆放入新盆中，试试深度是否合适，如果旧盆的介质表面与新盆的标准线一样高，就代表高度没问题。

5. 取出植株

将植株小心取出，注意介质尽量不要散掉。

6. 修剪根系与叶片

修剪根系并去掉约 1/3 的旧土，也可以修剪掉一点儿枝条、叶片，避免换盆后水分蒸散太快，对植物造成伤害。

7. 放入新盆

将植株放入新盆器中，并在盆口边缘缝隙填入新介质，用手稍微按压介质表面，确认介质填满。

8. 浇水

换好新盆的植栽，要充分浇水，补充水分。

大 型 盆 栽 的 换 土 方 式

利用局部换土，改善盆栽环境

种植在大型盆器或花台中的植物，因为盆器较大、更换盆器不便，这时可以采取局部换土的方式，就可以让植物生长得更好。

局部换土步骤

1. 用铲子挖洞

用尖细的工具，例如螺丝起子或细窄的铲子，在盆栽上挖数个洞，以利于铲松土壤，再将土壤铲出。

2. 加入肥料混合

将铲出来的土壤拌进适量的有机肥料或培养土，混合均匀。

3. 将土放回原盆

将拌好肥料的土壤放回原来的盆器，就可以让原本过于紧实的土壤变松，帮助植物生长更好。

盆器周围白白的东西是什么？

长期种植，会导致盆器出现无机盐累积

有些盆栽种植久了，盆壁周围会出现白白的物体，这些东西是从何而来的呢？盆壁变白有可能是肥料、介质和水中的无机盐，长期累积释放后，于盆壁形成白白的结晶。

无机盐产生的原因

1. 使用硬水或地下水

使用硬水、井水或地下水灌溉植物时，因为这些水质中含有较多矿物质等化学物质，长期累积下来就容易形成无机盐类的结晶。

2. 长期使用化学肥料

长期使用或过量使用化学肥料时，日积月累会造成土壤酸化，化学成分累积在土壤里会形成结晶盐，造成土里和盆壁周围出现白白的无机盐类。

容器

环境

介质

光照

温度

3. 使用瓦盆或壤土栽种

因为瓦盆容易吸水，当水分蒸发后水里的物质就会残留在盆器上，所以特别容易形成这种现象；使用壤土当作介质，因为物理结构的关系，比用其他介质栽培，更容易让盆器出现无机盐的现象。

🌱 花盆边缘或盆子底下出现白白的一层附着物，就是结晶盐，累积到某种程度时，植物就会受伤。

花草
小教室

初期出现的无机盐对植物不会有妨害，如果觉得不甚美观，可以将它刮除。在盆壁发现无机盐时，就代表介质里的无机盐含量过高、浓度太浓，需要立即处理，否则会导致根部受伤，请立刻更换介质，将无机盐排除之后，才能让植株正常生长。

组合盆栽的搭配技巧

选择同构型的植物，是组合盆栽的成功要件

将许多不同的植物种在同一个盆器里，我们称之为组合盆栽。组合盆栽可以欣赏到植物的不同造型、质感，呈现多层次的视觉效果，是很热门的种植方式。

组合盆栽的栽种三要诀

1. 选择同构型植物

制作组合盆栽时必须选择生长习性相似的植物，日后才易于照顾养护。如果组合盆栽中的植物对光线或水分的需求不一，就难以给予妥善照顾，导致养护上出现问题。

🌱 多肉植物生长习性相近，很适合做成组合盆栽。

2. 按照摆放地点选择植物

如果你的组合盆栽预计摆放在日照充足的门窗边，就可以选择草花类植物组合；若要摆放在室内客厅，就选择不同种类的观叶植物。

3. 按照植物不同特色搭配组合

植物有高有低，叶片、花朵的颜色都不相同，因此在制作组合盆栽时，可以选择不同高度、叶子有明显差异的植物来组合，制造出丰富的视觉效果。在制作组合盆栽时有一个小诀窍，就是将靠近盆栽边缘的植物以倾斜的角度种入，观赏起来更赏心悦目！

🌿 同样季节开的草花，可以组合在一起，放在日照充足的地方。

🌿 水生植物组合盆栽，可以按照植物高低不同，增添趣味。

花草小教室

制作组合盆栽时，盆与盆之间的土团不能有缝隙，因为有缝隙时，靠近缝隙的根会因为吸不到水而干掉。因此在组合盆栽制作完成后，在盆与盆之间要再用手指戳一戳，减少缝隙后再继续补充介质，务必确认介质填至完全没有缝隙，才能确保根部都能充分吸收水分。

植物种在哪里比较好？

掌握"适得其所"的概念，帮植物找到合适的种植地点

不管种植什么植物，首先要了解它们的特性及需求，再摆放在合适的地方，即能健康成长。如果将全日照植物种在室内阴暗的地方，当然会长不好。

依据地点，选择合适的植物，才能长得好

建议不要以"植物应该种在哪里"的方向来思考，而是以"我想在哪里种植植物"先设定地点，再选择植物的种类，即能避免将植物种在错误的环境里。

1. 营业场所、办公室

在长时间有人工光源与空调系统的环境下，容易干燥，可选择对湿度较不敏感的植物，例如：大部分观叶植物、非洲堇、常春藤都很适合。

2. 浴室

浴室环境较为潮湿，除非有窗户，通风好，有自然采光，否则不建

容器

环境

介质

光照

温度

议种植植物。若有自然采光，可以种观叶植物，潮湿环境也有利于植物生长。不过需要注意避免被热水喷溅，或被吹风机的热风吹拂。

3. 一般居家室内

一般室内没开空调时，环境通常易闷热且阴暗，适合放置耐阴的观叶植物或花卉，如千年木、观音莲、粗肋草、椒草、网纹草、山苏等。

如果想种植会开花的植物，可选择耐阴的苦苣苔科植物，如非洲堇。或种在室内窗边的开花植物，如天南星科的火鹤花、白鹤芋，也是不错的选择。

4. 顶楼

都市中的住宅大多狭小且空间有限，若有属于自己的顶楼可以种植花草，不妨规划成空中花园，赏心悦目，更能净化居住环境！但在屋顶种植时，需要留意：

防水功能好： 要确认屋顶的防水设施，以免漏水到底下的屋子中。

屋顶载重： 选择轻量的介质与低矮的植物，以减轻重量。

注意风力： 楼层愈高的楼顶，风力愈强，需避免种植高大植物，以免植物被吹倒，发生危险。

排水孔畅通： 确保屋顶排水通畅，避免下雨时，落叶、落花阻塞排水口，造成排水不良。

5. 阳台

通风良好、大多是斜射光的阳台，是一般都市公寓大楼环境中最好的种花场所。在阳台种植植物首先要了解阳台的方位，因朝向不同，光线来源、日照时数、风力大小也会有所不同。了解光线的强度再选择合适的植物，是在阳台种植成功的不二法门！

阳台方位	环境条件	适合植物
东向阳台	阳光较温和，只有上午会接收日照	适合种植不宜暴晒的植物，如文心兰、蝴蝶兰、秋海棠等
西向阳台	下午有强烈阳光西晒	建议选择耐热、耐旱的植物，如多肉植物、藤蔓植物、枝条较粗壮的木本植物，以及仙丹花、麒麟花等
南向阳台	光线最好，有充足的日照	大部分观花植物皆可种植，如扶桑、玫瑰、矮牵牛等
北向阳台	阳光最弱，不会有直射光线	适合种植半日照的观叶植物，如木本植物的茶花、栀子等，或各种观赏植物、观赏凤梨

台湾地区的冬季东北季风强，如果阳台的风很强，适合选择粗枝、硬叶，以及叶子较小，相对低矮的植物。粗枝的植物保水佳，叶小且硬则不易被吹干吹破，不要选择太过娇嫩的植物（如非洲凤仙花），因为非常容易被风吹坏。

🌱 阳台方位会影响光照，适合种植的植物也大不相同。

容器

环境

介质

光照

温度

083

办公室的植物容易长得凌乱，为什么？

室内光照长期不足，是植物生长凌乱的主因

由于室内人工光源不稳定，因此植物很容易出现**徒长**现象，造成植物姿态凌乱。

如何避免植物徒长？

植物长出叶子的地方称作**节**，节与节之间称为**节间**，如果光线不充足，植物节间的距离会不正常地变长、变远。叶子与叶子间隔太远，叶子也变得薄嫩，植株就会歪歪倒倒，长得十分凌乱，这种现象叫作**徒长**。最好将植物移至靠窗位置，或置于电灯的正下方，让光线来源充足稳定，就能避免徒长现象。

🌿 放在室内的仙人掌徒长，使茎部形状抽长，破坏美观。

🌿 光线不足会造成植物徒长。

可以将室内盆栽移至室外栽种吗?

要将室内盆栽移到户外,或想将户外的盆栽移到室内,首先要考虑的是植物对于环境的适应性。例如马拉巴栗原本就是生长于阳光下的植物,但是经过**驯化***,可以让植株适应光线较弱的室内环境。如果要将已经适应室内环境的马拉巴栗一下子移到户外,难免会产生晒伤的状况,因此也要经过驯化才行。

* **驯化**,简单来说就是让植物慢慢地去适应不同的环境。为了避免转换环境造成植物的不适应,通过缓冲的过程,慢慢地改变环境,让植物适应。举例来说,把适应强光线的室外植物先放到稍微有遮阴的地方,让它慢慢适应较阴暗的环境后,再移到室内。

花草小教室

很多人在新居落成或商家开业时,会送盆栽当作贺礼。盆栽的好处很多,除了能增添绿意,还能净化空气。国内外有越来越多的研究发现,许多植物都能有效吸收室内的有毒物质,是净化空气的好帮手!

有些人会有疑问,植物在晚上进行呼吸作用时会与人争氧气吗?甚至认为在就寝时需要把植物移走。其实这样的疑虑是多余的,如果这项假设成立,那么在山村中生活的人岂不都缺氧了?

室内摆放植物的优点非常多,当空气进入植物体内时,植物根部的共生菌可以分解装潢材料或家具散发出来的有毒化合物分子,进而达到净化空气的效果,所以一天之中,待越久的环境越需要摆放植物。研究还发现,不同植物可以去除的有毒物质也不相同。例如波士顿肾蕨、罗比亲王海枣,对于去除甲醛有很好的效果;观音棕竹、麦门冬,有很好的除氨效果;其他如常春藤、白鹤芋、福禄桐等,也都是净化空气效果很好的植物。

什么是介质？
常见的介质有哪些？

可以拿来栽培植物的物质，就是介质

简单来说，任何可以拿来栽培植物的物质，就是介质。大自然中自然存在的土壤，或人工调配的培养土，和非土壤类有机的泥炭土、水苔、蛇木屑，或无机的蛭石、发泡炼石、珍珠石都可当作栽培植物的介质。

常见的 4 种介质

使用哪一种介质比较好？其实并没有标准答案，只要按照栽培环境和个人习惯，让植物可以生长存活即可。虽然每种植物喜欢的土质不同（如仙人掌喜欢排水良好的疏松砂土，彩叶芋、鸢尾喜欢黏性大一点儿的壤土），不过大多数植物都喜欢保水、保肥、透气佳、排水好的栽培介质。

1. 土壤类

一般说的壤土，即为真正的土，颗粒细，保水性、保肥性佳，因为具有相当的重量，可以支撑高大的植物，不易倒伏；不过也因为过于保水，排水性及透气性相对较差，而且重量重，搬运时会造成负担。

市面上有贩卖一种改良原本壤土缺点的颗粒土，大大小小的团粒结构让介质间具有空隙，提高排水透气性，但是价格较为昂贵，大家可以根据个人情形评估使用。

2. 无土介质类

除了土壤类的介质，利用其他非土壤类物质的特性，经过加工改造，也能成为常常使用的介质，常见的有泥炭土、椰纤、木屑3种，这类物质的共同特点就是质地疏松、重量轻、排水透气佳，且都是有机质。不过这3种介质较少单独使用，通常会经过调配，即为一般市售的培养土。

泥炭土：沼泽地区生长的苔藓，枯掉之后沉于水里经过长年累月所累积的纤维，质地很轻、疏松，养分不多，是属于分解发酵完成的物质。

椰纤：将椰壳磨粉加工制成。质地轻、疏松。

发酵后的木屑：简单来说，就是种植香菇的太空包再发酵后的产品，有可能因为发酵不完全，会散发气味引来小果蝇，使用时需特别注意。

🌱 大自然的壤土保水性佳，但透气性较差。

🌱 泥炭土质轻且疏松。

🌱 椰纤是由椰壳加工制成的。

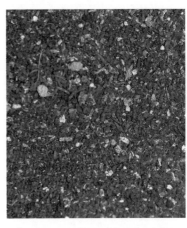
🌱 使用发酵木屑容易引来果蝇。

3. 气生植物介质类

气生植物是利用根部附着在树干、岩石上生长的植物。它们的根部暴露在空气当中，可以利用介质协助它们稳固，选择的介质必须排水、透气性佳，才能让根系健康生长。

蛇木屑：蛇木气生根做成的，通气性良好，按照粗细不同各有用途，但因为自然保育的关系，台湾地区已无生产，多进口。

椰子壳块：通常是小长方形碎片，优点是保水性佳，不易腐烂。

树皮：树皮质地强韧，吸水和保水性尚可，使用时间久。

水苔：苔藓类植物干燥后而成的，吸水性和保水性佳。

🌿 蛇木屑常用于兰花的培育。

🌿 椰子壳块的价格便宜，保水性好。

🌿 松树皮较不易分解，使用期限较长。

🌿 水苔按照长短区分品质。

4. 其他类

各种色砂、小石子类： 起装饰性作用，放在透明的容器里有美观的效果。

蛭石、珍珠石： 常常用来克服无土介质的缺点，因为无土介质的排水、透气性佳，加入珍珠石或蛭石，可以增强其保肥力。

发泡炼石： 无菌、无臭的发泡炼石，适合用于水耕栽培。

🌿 蛭石很容易崩解，不要和土壤类混合使用。

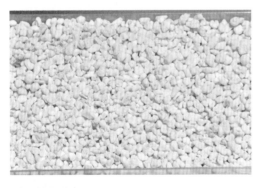

🌿 珍珠石非常轻，不可以重压。

🌿 发泡炼石有多种颗粒大小可以选择。

我的植栽适合选用什么介质？

根据三大重点，挑选合适的介质

种植花草都需要使用栽培介质辅助生长，介质种类相当多，可试着根据植物特性调配介质比例。

1. 根据植物的特性

先了解植物喜欢干燥或潮湿，再来选择合适的介质。例如，气生兰花的根部需要流通的空气，才能好好呼吸，因此选用通气性良好、排水功能佳的蛇木屑。乔木或灌木植物，需要有足够支撑能力的介质，例如壤土。多肉植物喜欢干燥，选择排水效果良好的培养土，作为其介质。

2. 根据环境的差异

栽培的环境不同，选择的植物介质也会不同。

室内环境：选择人工调配、不含肥料的培养土。因为室内的环境较没有强光、没有强风，所以多倾向种植不大的植物，且室内要求干净，可以选择不用发酵后木屑制成且不含肥料的培养土。因为含有机成分的培养土加入水后，经由发酵容易吸引蕈蚋等小虫，造成困扰。

室外环境：选择真正的壤土。室外环境多有强光、强风，且种植的植物容易长得较高大，因此需要的是能保持水分与有足够重量能支撑植物的介质，壤土就是非常适合选用的介质。

屋顶种植：选择含水性较强的介质。屋顶会直接照射到阳光，介质干得快，选择含水性较强的介质，保持植物的水分，且要选择重量较重的介质，以免被强风吹倒。也可以使用壤土混合培养土。

3. 根据浇水的频率

栽培植物的时间会影响所选用的植物介质。如果栽培植物的时间充足，有常浇水的习惯，就可以选用排水性良好的介质；如果没有太多时间照顾植物，就选择保水性好的介质。

花草小教室

多肉植物的介质配方

　　多肉植物的介质着重排水透气，因此以粗颗粒材料为主，可以观察多肉植物的根部粗细来选择。如果是根较细的景天科、仙人掌科多肉植物，可以以泥炭土为主材料的培养土混合粗砂、细珍珠石、细蛭石等材料。根系粗的多肉植物如龙舌兰属、阿福花科，可以以赤玉土为主材料，混合浮石、陶土石砾、发泡炼石、粗珍珠石等材料。

木本植物的介质配方

　　因为要支持植物的重量，所以以壤土或砂质壤土为主材料，混拌富含有机质的培养土（菇蕈太空包发酵材料或稻壳、木屑等），以提高有机质含量，促进根部生长。

水生植物的介质配方

　　以黏土或壤土为主，以符合水生植物天然生长环境。

介质可以重复使用吗？

介质经过消毒杀菌，即可重复再利用

有时候不小心种死了盆栽，介质还可以再重复使用吗？答案是可以的，不过一定要经过消毒，因为介质可能还残留之前植物的病虫害，消毒过后再使用，才能确保新植株的健康。

3 种常见的介质消毒法

1. 阳光暴晒法

阳光暴晒是最简易有效的方法。将土壤铺平约 1 厘米的厚度，通过阳光紫外线照射及高温，将土壤中的病菌消灭。大约需暴晒 5 天，每隔 1 天翻动土壤 1 次。

如果遇到阴天、雨天、强风，或者没有阳光的天气时，可以将土壤放入黑色塑料袋中，并加点水稍微润湿，将袋子扎起，摊平放置在太阳可以晒到的地方，大约放置 1 个月。黑色塑料袋可以帮助吸热，长

🌱 将土壤放入黑色塑料袋内，置于阳光下 1 个月，就能达到消毒杀菌的效果。

期下来可以达到消毒杀菌的作用。

2. 土壤泡水法

准备一个容器，将土壤集中到一定的量，将水灌入并淹没整个土面。因为在泡水的环境下没有氧气，而病菌在无氧的环境里就会自然死亡。需浸泡 1 个月以上。

3. 热水杀菌法

大部分病菌在温度 50℃左右就会死亡，所以我们可以将滚烫的热水淋到盆土上，自然可以达到消毒杀菌的效果。

变硬的介质还可以使用吗?

介质变硬是很多人在栽培植物时会遇到的问题，根据以下 3 个特征观察介质是否变硬：土壤变成灰色? 土壤结块? 浇水时发现介质吸收缓慢，或者水立刻漏光? 如果你的介质有上述其中一项的问题，就必须赶紧解决。

容易变硬的介质通常可以分成培养土、壤土两种，两种情形的应对方法也不相同。

1. 培养土

培养土会变硬是因为介质太干，尤其是以泥炭土当原料的培养土，这种状况非常多见，土变干了就会缩起来，最后整个土就变成硬邦邦的样子。可将培养土泡水或喷湿，等土壤变软后才能再吸水。

2. 壤土

用壤土当作介质，种植一段时间后，因为热胀冷缩，团粒结构会被破坏而变成粉状，如果再进行浇水，变成粉状的土就会凝结变硬。可加入大量的有机质，如培养土或稻壳、木屑，或者买粉末状的有机肥，混合加入原本的介质中。建议可以在换盆时顺便换土，若盆器太大，则采用局部换土的方式（详细的换盆和局部换土步骤，可参考 p.68~76 ）。

花草
小教室

假如不小心将很多植物给种死了，每一盆的介质都不相同，可以将所有介质混合，一起消毒处理吗？答案是可以的，因为不同的介质本来就可以混合调配使用，所以将介质混合在一起消毒杀菌，不仅方便省事，消毒完后也能直接再利用。

培养土长霉菌，怎么办？

霉菌虽不会伤害植物，但会严重影响观感

当盆栽里的培养土长出白白的霉菌，很多人都会很担心，生怕对植物造成伤害。其实霉菌并没有大家想象得那么可怕，因为它不会招来病虫害，只会影响美观。

为什么培养土会长出霉菌？

培养土长出霉菌的原因，有可能是培养土本来就是香菇太空包制成的，或培养土里混合很多有机材料，因为发酵不完全，再加上浇水频繁、施加有机肥、环境湿度和温度适合等因素，使得霉菌生长，让盆土看起来白白的，不甚美观。

不过这些霉菌是腐生菌，只会加速有机物的分解，对植物并不会造成直接危害，即使种植的是食用植物，也完全不用担心，因此即使放任不管也没有关系，如果真的很在意，也可以铲除。保持栽培环境通风也能降低长霉的可能性。

盆里出现青苔，需要处理吗？

盆里出现青苔，可能是栽培方式不当的警告，代表植物的生长环境湿度很高，有可能是介质排水不良或浇水过于频繁所造成的。若植物生长状况正常，则不用理会；若植物出现生长衰弱的现象，则应更换排水良好的介质，或减少浇水频率，改善通风环境。

如果长出的青苔并不影响植物的生长，我个人认为让青苔和植物一起共生也是个不错的选择。以前还曾经看过国外的电视节目，大费周章地教大家怎么让瓦盆长出青苔，日本也有许多专门的图书教大家如何养青苔，可见绿绿的青苔有它的魅力呢！

🌱 盆中长出青苔，有可能是栽培方式不当的警告。

光照长度会影响开花？

了解长日照、短日照，给植物最合适的光照周期

在植物生长过程中，光线照射得太多或太少都会影响生长，所以光照是成长的关键。除此之外，有些植物是否能开花的关键和光照长度大有关系，利用人工调节栽培环境的光暗周期，就可以调整开花的时间。

长日照、短日照，会影响开花情形

光周期就是光照时间长短的周期，即白天（日照）与晚上（暗期）的长短比例。在台湾地区，夏季白天比晚上长，冬季晚上比白天长，部分植物受到日照时数长短的刺激，而影响生长发育。除了影响开花之外，其他还有茎的伸长、块茎（根）形成、芽休眠等。

🌿 吊钟花。

🌿 翠菊。

🌿 黑种草。

　　按照日照时间的长短，可分为长日照和短日照两种。

· **长日照植物**

　　是指历经一段日长大于一定长度，夜长短于一定长度的时期才能开花的植物。例如：吊钟花、翠菊、黑种草等。

· **短日照植物**

　　是指历经一段日长小于一定长度，夜长大于一定长度的时期才能开花的植物。例如：长寿花、螃蟹兰、圣诞红等。

🌿 长寿花。

🌿 螃蟹兰。

🌿 圣诞红。

路灯干扰，可能会让植物不开花

有些植物需要历经一段日长小于一定长度，夜长大于一定长度的时期，才能开花。这种类型的植物大多分布于低纬度热带地区或温带地区，于秋季、春季开花的植物，例如圣诞红、长寿花、蟹蟹兰、菊花等。

常有人问到圣诞红不开花或蟹蟹兰比别人晚开花等问题，可能就是干扰了它们的**日长反应**。当把这些需要夜长刺激的植物种在阳台时，受到入夜的路灯或阳台灯的干扰，让夜长的刺激被阻碍，致使它们不开花或比较晚开花，需要帮植物移位置，或晚上用箱子或黑色塑料袋盖住，进行遮光处理。

花草小教室

其实有日长反应的植物只是少数，大多数都属于日长中性或对日长不起反应的植物，而主要是温度、水分、养分以及植株、枝条成熟度等因素影响开花。而且随着品种改良，许多原本对光周期敏感的植物也变得不敏感了。

容器

环境

介质

光照

温度

电灯可以取代
阳光照射植物吗？

电灯光线能满足观叶植物的光照需求

阳光是有颜色的，用三棱镜反射出来，有红、橙、黄、绿、蓝、靛、紫的色彩。不同的植物或生长阶段，对于光线需求也不相同，如开花植物需要红光刺激并累积养分，观叶植物需要蓝光。一般日光灯为蓝光，所以在室内种植观叶植物时，用日光灯照射仍可以维持它们的生长，但是开花植物则是无法实现的。

利用光线控制达到专业培育的效果

不过在专业培育上，为了达到更好的经济效益与控制，会采用特别的室内光线，让植物接受人工培育。像日本有利用卤素灯或 LED 灯栽培水稻、蔬菜的例子，使用的就是光线较强且特殊的灯光来代替日照，不过一般的植物需要 12 ~ 14 小时的光照时间，显然不太环保。

如果钟爱某一类植物，然而栽培环境无法提供足够的光照，使用照明设备就是必要的条件了。现在科技发达，许多公司研发植物专用的照明灯具，能够针对观叶植物、多肉植物、开花植物（非洲堇等）使用。要注意灯具散发的温度，植株顶梢与灯具必须保持适当的距离，避免烫伤。灯具照射时间可以根据植物不同，使用定时设备控制，避免每天长时间照射。

花草
小教室

根据开花状况判断光照是否充足

我们可以根据植物的开花状况来观察植物光照是否充足，会发生这样的情况不一定是在室内，户外也有可能发生，例如被房屋、阳台、树木遮住阳光，只要改变植物的位置，光照不足的情形就可改善。

（1）植物是否久久不开花。

观察种植的植株，如果种植时间很久却不开花，可能是光照不足所致。

（2）开花数量是否变少。

植株的叶子生长茂密且大，叶色浓绿，但开花数量相对很少；或开花的数量比种植同种植株的开花数量少，也有可能是光照不足所造成的。

（3）花朵颜色是否变淡。

花朵需要足够的光线催化，花色才会饱和亮丽，当光线不充足时，花朵的颜色就会比较淡。

太阳不大，
为什么植物会晒伤？

突然暴晒，是造成植物晒伤的主要原因

植物的叶片因为强光照射，让叶绿素与叶肉组织受损的现象称为晒伤，台湾地区常沿用日文的"**日烧け**"或"**叶烧け**"，称为日烧或叶烧。阳光照射下的叶片有绿色褪去的**黄化**或**白化**现象，或叶片局部或全部产生褐化、焦黑干枯的症状，而患处没有菌丝、胞子囊、菌核等菌类危害病症，皆为晒伤的症状。

什么情况下会造成植物晒伤？

1. 遮阴处的植物移至烈日下

农民栽培时，为了让植物长得快或叶片青绿卖相好，有时候会在遮阴网下进行遮光栽培。这种环境栽培出来的植物如果突然拿到烈日下，就容易发生晒伤的情形。

叶片薄嫩可爱的薜荔，是在充分遮阴的环境中培育出来的，适合放于室内观赏，如果突然放于光照强的地方，叶子就会晒伤干枯。幸好薜荔生命力强，只要将受伤枝叶剪除，就可以促进新枝叶生长来适应强光环境。类似的情形在马拉巴栗与鹅掌藤上也常看到。

2. 室内植物突然移到强光下

长期栽培在室内的植物，因为已经适应室内弱光的环境，叶片组织都较柔弱，禁不起剧烈的光线照射，如果突然移到阳光下，即使只是短短几个小时，就会发生晒伤。

3. 修剪枝叶后，下方或内侧的叶片受到阳光暴晒

庭园内的树木、绿篱，经过修剪后会让内侧或下方的叶片突然暴露于阳光下，如果是叶片薄的植物种类，很容易发生晒伤。

4. 突然取走植物的遮光物

遮光网被台风掀掉，或原本上方有树荫，树枝被修剪或被强风吹断，让下方的植物暴露出来，就容易晒伤。像嘉德丽雅兰可以忍受阳光直射，但是兰园为求品相好，都会在夏季时用遮光网遮 **40% ~ 60%** 的光，在遮光网下栽培的嘉德丽雅兰已经习惯了光线被减弱，突然遭遇到烈阳的炙烤，即使叶片厚硬，还是会晒伤。

🌿 植物如果突然移到户外，很容易晒伤。

🌿 虽然嘉德丽雅兰的叶片厚硬，但遮光栽培后，还是会晒伤。

容器

环境

介质

**光
照**

温度

如何预防及避免植物晒伤？

帮植物移位、遮光，可避免植物晒伤

植物晒伤后，会在叶片上留下无法复原的斑纹，如果受害严重，叶片受损过多，会让植物生长衰弱，严重影响美观，若不改善环境，长久下来，植物也会逐渐衰弱而死亡。

预防植物晒伤的方法

事实上，任何一个季节都有可能发生晒伤，但仍以阳光强烈的夏季为主。预防晒伤最重要的对策是移动位置或遮光。

1. 可搬动的植物，进行位置移动

采用盆种的植株，在阳光强烈的季节，将怕晒的植物移到避光的位置，例如墙边或树荫下，让植株免于受到强烈阳光的侵袭。

2. 不可搬动的植物，进行遮光保护

如果植物不可移动，则可以搭设简单遮光网或遮光屏，帮助植物遮光，遮光的材料可选用园艺用的黑色遮光网或竹帘。

🌱 搭设黑色遮光网，避免植物晒伤。

如果植株已经晒伤了，可以斟酌将受伤的叶片剪掉，以促进植物生长新叶、适应光线。购买植物的时候，也要留意植物原本放置的环境，例如苗圃所卖的马拉巴栗，就有放在室内与户外之分，放室内的马拉巴栗已经习惯弱光，叶片会薄嫩，叶色青绿，所以买回来放于办公室内无妨。放户外的马拉巴栗已经习惯暴晒，叶片厚韧，叶色深绿，所以种在庭院或屋顶较为合适。

容器

环境

介质

光照

温度

植物对温度、湿度很敏感?

每种植物，都有适合其生长的温度与湿度

植物有自己喜好的温度和湿度，而且也会按照生长的环境演化出不同的形态来适应。温度和湿度不同，所呈现的植物种类与面貌也都不同，如叶子大小、形状等都会有差别。

随着温度变化，选择植物类型

台湾地区位于热带和亚热带地区，冬季并不严寒。以气候学的观点来看，台湾地区从 4 月到 10 月，月平均温度都在 22℃以上，属于典型的常夏型气候。

所以在台湾地区平地生长的植物以热带植物为主，需要低温刺激的植物大多种于山区。例如喜欢冷凉的玫瑰，虽然在台湾地区能够四季常绿且开花不断，但是明显在高温期开的花朵小且花瓣少，凉季开的花朵大且花瓣多。而郁金香、日本品种的樱花，需要一定的低温刺激才能打破休眠开花，所以在台湾地区平地就很难种得漂亮。

利用控制温度的方式，也能调节开花期。例如一般蝴蝶兰在 25℃以下的温度开始受到刺激开花，天然开花期在 3—4 月。花农在夏季将蝴蝶兰移到高山地区种植，利用高山的天然低温刺激来让蝴蝶兰于 12 月到翌年 1 月的年节期间开花。

湿度不足，植物叶片容易失去生气

　　大多数植物在潮湿的环境中比较容易生长；如果栽培环境空气湿度不足，会发现植物的叶子易焦枯卷曲，较无光泽及生气，开花情形也不佳。在高湿度环境下植物的特征通常是叶子较大，叶片较薄。

炎热高温，
如何帮植物补充水分？

植物夏日失水快速，必须做好保水措施

炎炎夏日的高温，让有些植物出现不适症状。高温加上烈日暴晒，让植物的水分流失非常快，当植物体内水分不足时，就无法撑起嫩茎、花序、花朵、叶片等较柔软组织，造成外观枯萎变软无生气（俗称**失水**）。常常早上才充分浇水，过中午叶子又开始软垂了，该怎么办呢？

利用开源法，为植物提供充足的水分

1. 充分浇水

浇水要掌握的原则就是要浇到**透**（浇到让水从盆底的排水洞流出），不过种植在地上的花草，浇多少水就要自己拿捏了！浇水时可以顺便洒点水在叶片上，达到降低叶温与除去红蜘蛛、蚜虫等小害虫与尘土的效果，但是叶片纤细茂密或叶面有毛（例如百里香、大岩桐）的植物则需避免，以免水分滞留在叶片上引发**水伤***与病害，花朵更是尽量不要洒到水。

* 水伤是指叶片被水浸湿后加上高温暴晒，造成叶肉组织受损甚至叶片腐烂。

2. 使用保水力强的介质

栽培介质包括人工调配的培养土与天然的壤土。培养土具有质轻、透气、排水好的特点。但是排水太好相对会让介质很快就干了。

种植在会被整天暴晒的地方，可使用保水力较强的壤土，如此一来，照顾养护会较轻松，即使在炎热夏天里也不会有非得要每天浇水的压力。

3. 使用有盛水装置的盆器

市面上有贩卖盆器底下附有盛水底座的盆器，这个盛水底座的水与植物的根部是隔开的，并不会有根部浸水坏死的问题。多花点钱购买这种盆器，也可以达到省时、省力的效果。

🌱 有盛水装置的盆器，方便帮植物补充水分。

4. 改用大一点儿的盆器

一般买回来的植物，大多是种植在3寸盆中的草花苗或迷你盆栽，也有以5寸盆种植的盆花或香草植物，5寸盆的植物在夏季里，即使早上充分浇过水，到下午就会干枯，原因就是盆器小，介质太少。建议换到大一点儿的盆器内种植。

枝叶繁盛的木本植物建议使用盆径1尺（1尺=33.33厘米）以上的盆器种植，盆子宽又深，装的介质多，水分含量也多，可以充分满足植物需求。以我家屋顶使用2尺盆种植怕缺水的蕾丝金露花为例，充足浇过水后，在烈日下仍可满足2～3天所需。如果是刚买回来的7寸盆蕾丝金露花，恐怕早上浇过水，下午叶子都会垂头吧。

5. 填补介质的缝隙

盆栽的介质有时会因为硬化或过度干燥产生裂缝，尤其是介质与盆壁的缝隙。有此状况时，浇的水会直接从裂缝迅速流失，造成介质来不及吸足水分，产生即使浇过水后，植物仍然缺水的现象。

改善方法是用合适的工具戳松介质，以消除裂缝。到适合换盆的季节时，再加以改善介质，并可以在容易硬化或已风化的介质中，添加有机质改善。

🌿 干缩的培养土，与盆壁产生缝隙，必须戳松介质改善。

花草
小教室

很多人会问我几天浇一次水才足够？这个问题其实很难回答，因为没有标准答案，会视每个植物的生长状况、环境而不同。只要植物缺水了，就该浇水，到底几天浇一次水，不妨用心观察，让你的植物告诉你吧！

如何降低
植物水分流失的速度？

利用节流法，减少植物水分的耗损

要帮助植物抵抗高温难耐的天气，除了帮植物"开源"之外，"节流"也是很重要的。"开源"就是让根部有充足的水分可以吸收，并且培育健康的根，以促进水分吸收效率。"节流"是减少水分蒸散，避免过度流失。

根是最重要的吸水器官，是供应端；而叶片因为有蒸腾作用，是个耗费水的器官（多肉植物及兰科植物等除外），是需求端。能达到水分供需平衡，就是栽培最基本的原则。

3 个小动作，减缓水分流失的速度

1. 修剪过密枝叶

植物长得茂盛，对水的需求量就会增加。如何在美观与生长之间取得平衡，值得斟酌。

例如种植了一大丛天蓝立鹤花，在梅雨季时就会发现枝条长得很快，植株长得茂密，花也开得很漂亮。但在高温之下，即使人工充分浇水，植株也会常常是无生气的样子，花也会开得少。原因就是长得太过茂密，枝叶的水分蒸散量大于根部水分吸收量。这时就应该把比较老、太过纤细的枝条剪掉一些，让水分不会耗损太多，植株的生长就会恢复正常。但要注意，是剪掉太密的枝叶，并不是随便将枝条剪短（详细的修剪技巧可以参考 p.148）。

2. 覆盖介质表面

在介质表面，再盖上一层保护层，放慢水分蒸散的速度。在农业上使用草席或黑色、银色塑料布，也有的使用稻壳、锯木屑等物品覆盖，还有让有机物缓慢分解成为肥料的优点。

居家园艺可以用树皮、椰纤等材料覆盖。建议也可用大小植物做相互遮阴，在较大盆的植栽下，再种植其他低矮的植物，例如大花日樱底下种红毛苋，扶桑花底下种团花蓼，星星茉莉下种小韭兰，仙丹花下种香妃叶。如此不仅减少介质表面水分蒸散，还可以兼具美观与丰富视觉的效果。

3. 盆栽移至遮阴位置

在两个不同区域种植成片的白鹤芋，位于阳光直射的中庭，叶片垂软无生气；位于较阴凉的小天井区，叶片长得非常蓬勃。所以可以知道，在高温烈日暴晒下，水分会从叶面与介质表面急速蒸散，需将盆栽移到遮阴的位置，水分蒸散速度就会降低，减缓植株枯萎变软的效果非常显著。

🌱 盆面覆盖棕榈，可以减少水分蒸散。

寒流来袭，
植物需要特别照顾吗？

简易防寒措施，帮植物度过严冬

寒流会导致气温低于 10℃，台湾地区气候偏热，冬季并不会像温寒带地区有严峻冷冽的下雪、下霜情况，不过受到冷气团的影响，突如其来的温度骤降，多少会对植物造成伤害。

减少浇水、移动位置，降低伤害

1. 热带植物的防寒措施

来自热带地区的植物，如大多数观叶植物、兰花与食虫植物，遇到寒流来袭时，可以把这类植物移往室内，以免植物叶面受冻而变色，或植物根部受伤，引起病菌入侵。

2. 一般植物的防寒措施

普通怕冷的植物，遇到寒流来袭，不用移往室内，可以选择控制水分的供给。冬季植物会进入休眠期停止生长，植物的需水量会相对减少，因此可以减少浇水频率，水分过多反而会造成冻伤。若是会直接面对东北季风吹袭的植物，尽量移动位置，避免植物受到伤害。

🌿 在冬季，女王郁金香的
叶片干枯进入休眠。

🌿 玉蝶花冻伤，叶片发黑。

🌿 观音莲冻伤，叶片变透明。

昼夜温差大，
对植物反而更好？

温差愈大，植物生长愈好

昼夜温差越大，对植物的生长越好？没错，如高山上的蔬菜、水果比较好吃，就是因为高山上的温差比平地大。

自制温差大的环境，让植物长得更好

乡间或山区的昼夜温差比市区大，所以种植出的花果比市区好。因为昼夜温差大，植物白天进行光合作用所产生的碳水化合物，在夜晚低温时更容易累积，植物养分充足，花会开得更漂亮，果子会更甜、更好吃，叶片也会更旺盛茂密。

在居家花园中也可以自己制造温差大的环境，种植植物越多可以让温差越大，种植植物的地方如屋顶，裸露越少越好，可减少地板或建筑物吸收的热。而有西晒或铺木地板隔热，也可以在傍晚时给地面、墙面洒水降温，在这样的环境下，对植物的生长也会有所帮助。

昼夜温差大且湿度大时，在叶面上容易形成露水，当露水顺势流到土里时，可以给予植物很好的补给。不过都市里人口密集、建筑林立，往往入夜后降温幅度有限，不易形成露水。

🌿 叶片上的露水，对植物生长有帮助。

3 管理篇

时时关心、仔细观察生长情形，
掌握浇水、施肥、修剪三大关键，
做好日常管理，就能让植栽健康生长，
打造幸福的花草空间！

水分

如何判断花草是否缺水?

当叶片、花朵垂萎时,请立即浇水

虽然植物不会说话,但是缺水的植物,会经由各种渠道传递缺水的信息,只要细心掌握植物所传达的信息,就可以适时地替植物补充所需的水分。

四大重点,观察植物是否缺水

1. 观察叶片

植物缺水表现最明显的部位是最嫩的部位,例如嫩枝、花苞、嫩叶等,又以最嫩的叶子最为明显,若叶子枯萎变软、无生气,就表示它非常缺水。

2. 观察土壤表面

叶子硬挺如仙人掌或松柏类针叶树,看不出叶子是否枯萎变软,这时可以观察土壤表面是否干燥,如果发现表土干燥、颜色变浅,就代表该浇水了。

当植物缺水时,叶片、花朵就会枯萎变软,呈现没有生气的样子。

3. 盆栽重量

重量不是很重的中小型盆栽可以直接拿起来，由轻重来判断是否需要浇水，如果盆栽变得很轻，就代表土里的水分减少，需要立即浇水。

4. 竹签检测

将竹签或筷子插进土里，浇水后再拔出来看筷子的湿润程度，观察记录几天后，就可以知道浇水后几天会干，再适时浇水。

一次要浇多少水才足够？

不管是什么种类的植物，或盆栽多大，浇水时只要掌握充分浇透的原则就对了！怎么样才算**浇透**呢？简单来说，就是充分浇湿介质并且浇到盆底的排水洞漏出水来，才代表介质吸饱水了。

有些介质因为种久了会变硬，表土会出现裂缝，甚至介质与盆器之间产生裂缝，让植物无法吸饱水分，这时必须先改善介质，将其戳松或填上新的介质，避免漏水的情况。

不过，当植物种植在没有排水洞的盆器里时，就千万不能一次浇透，因为在灌满水的情况下，会让植物根部长期缺氧，根容易腐烂。最好先用竹签或筷子插到介质里来测试干燥的程度，浇水的量为盆器高度的 1/5 ～ 1/3 就足够了，因为介质会有毛细现象，让水分由下往上输送，所以不必担心水量不够。

水
分

肥
料

修
剪

其
他

🌱 没有洞的盆器，浇水要
谨慎。

**花草
小教室**

在植物界中，有着厚硬、光滑的叶子，健壮的茎干且茎干相对比较粗，根部发达的植物，属于耐旱性比较强的种类。健壮的茎干与厚硬的叶子可用来储存水分，如打蜡般光滑的叶子，则是为了减少水分的蒸发，使植物可以适应干燥的环境。

🌱 美铁芋有块茎，叶子光滑，叶片形状像钱币，又称"金钱树"。

例如兰花中的石斛兰与嘉德丽雅兰，乔木类的榄仁树、福木，灌木类的矮仙丹花、沙漠玫瑰，藤蔓类的蒜香藤、飘香藤，草花类的松叶牡丹、马齿牡丹，观叶植物的美铁芋、马拉巴栗，以及绝大多数多肉植物与仙人掌等，都属于这类植物。

🌱 福木的叶子又硬又厚，耐旱性强。

怎么浇水最好?

避开正午前后浇水,早晨浇水最佳

在错的时间浇水,反而会让植物受到伤害。早上浇水好还是晚上浇水好? 中午可以浇水吗? 这些问题想必是很多人会有的疑问。

早晨是浇水最佳时机

在阳光还不大的早晨浇水是最好的时机,等到阳光尽情露脸后,植物正好启动蒸腾作用,将水分从根部吸收向上到达茎、叶每一处。不过若早上没有空浇水,利用傍晚或晚上浇水也无妨。

种在室外、阳光照得到的植物,最忌讳在中午时浇水,因为正午的叶片表面温度将近40℃,土也是温热状况,这时浇下的水温比土温低,会让对温度敏感的根部受到刺激而受伤,甚至失去吸水的功能。

若水残留在叶子和花上面,经过阳光直接照射,也可能使该部位受伤,因此避免中午浇水是必须遵守的原则。

水

分

肥料

修剪

其他

不同植物，给予不同的浇水方式

1. 灌浇式浇水

避开叶子，不会将花、叶淋湿，直接浇在介质上，要注意水压不要太强，以免冲散介质，适合怕湿的植株及室内植物使用。

☘ 细嘴浇水壶可以避开花、叶，直接浇在介质上。

2. 淋浴式浇水

淋浴式浇水适合大部分室外植物，可以去除灰尘和小虫，对植株的健康有帮助，视觉上也比较干净、漂亮。要注意不要浇淋到花朵，有绒毛的叶片或构造特殊易积水的叶片，也要避免这种浇水方式。

3. 喷雾式浇水

有些植物喜欢高湿度的环境，在叶面上喷水可以促进生长，尤其是嫩芽。生长在雨林的植物，如兰花和一些叶片薄的观赏凤梨，都很适合喷雾式浇水。

☘ 淋浴式浇水可去除灰尘与小虫。

4. 浸泡式浇水

不慎让介质太干燥而无法吸水时，可以先将盆器浸水，浸水的水位高度为盆器高度的 1/3 ~ 1/2，等介质吸足水后就可以取出来。

太频繁浇水，为什么植物反而会长不好？植物的根部除了吸收水分、养分之外，还有呼吸的功能。如果介质一直保持潮湿状态，根部就容易缺氧，进而导致腐烂，容易被病虫害侵袭。所以要让植物根部可以呼吸，就要让介质有干燥的时候，这样土里才有空气让根部进行呼吸。所以对植物生长来说，"**干—湿—干—湿**"的循环状态非常重要，千万不能维持同一种状态太久。

为什么浇水后植物还是干的?

事出必有因,找出缺水的问题并改善吧!

如果浇水都已浇透,却还是干干的样子,那就要思考是不是其他相关环节出了问题,找出根本的原因,才能彻底改善。

快速检测:找出植物缺水的原因

1. 盆器是否太小

盆器太小,相对的介质也较少,当植物生长越茁壮,越会出现介质已经不够供应植物养分、水分的情形,这时必须换盆(详见 p.68)。

2. 介质的保水性不足

有些市售盆栽使用的介质为培养土,保水性较差,可在换盆时加入保水性较好的壤土。

3. 植物长得过于旺盛

植物长得太旺盛，叶子越多，就需要越多水分。过于旺盛的植物，会导致浇了水还是很容易干，需要进行适度修剪。

4. 摆放位置阳光、风太强

阳光与风会带走大量水分，可考虑移到较阴凉的位置，或用其他大型植物做遮蔽。

5. 浇水量不足

兰花、多肉植物不爱水，所以要少浇水？其实这是错误观念，千万不要只给它们几滴的水量，比较耐旱的植物浇水时间的间隔较长，但是每次浇水时，仍要一次浇透，才能给予充足的水量。

花草小教室

有些人可能会有三五天不在家的情形，这时没有办法替植物浇水怎么办呢？建议大家出远门前先帮植物做好以下保护措施，减少缺水的情形。

（1）将盆栽集中，让大盆栽和小盆栽可以互相遮蔽，形成湿度较高的微气候。

（2）出门前将每个盆栽都充分浇好水。

（3）将阳台的盆栽移到阳光无法直射的地方。

（4）将盆栽盖上塑料袋，减少水分蒸发。

（5）脸盆里装一些水，将盆栽摆进脸盆里，让盆栽底部保持湿润，避免缺水。

水

分

肥料

修剪

其他

植物一定都需要施肥吗？

施肥，不是必要条件

　　我上课的时候，最常被学生问道："老师，我家的某某花要加什么肥料才会开花？"或大家看到我种的花开得好，就会追着我问："老师，你家的花都施什么肥、多久施一次，才会开得又多又漂亮？"通常我的答案都会令大家失望，因为我告诉大家："施肥不是必要的条件！"

先考虑生长环境，再考虑施肥

　　大部分人，都把**施肥**这件事看得太重要，而忽略了其他事项。植物的生长状况不佳时，首先要先观察摆放的位置对不对、光照够不够、有没有适度浇水，当植物所需基本的阳光、空气、水都没问题时，再考虑施肥，让它们有更好的表现！植物不开花的原因很多，**施肥**应该是最后一个考虑的步骤才对。

　　所以施肥对于植物而言，并不是绝对必要的，施肥能让它们长得更好，但如果给予很好的基本照顾，即使不施肥也能有不错的生长表现。所以千万不要觉得你的植物快枯萎了，以为赶紧加肥料就能让它起死回生，或加了肥料一定会开花，这都是错误的观念。

当你给植物很理想的环境与生长要素时，它还是长不好、不开花，我们再给予合适的肥料，才能"投其所需"，这时施肥才会有显著的效果！

如何判断植物是否需要肥料

什么植物一定要施肥？什么植物不施肥也没关系？我们可以从植物原本的生长环境窥之一二。

像很多兰花，原本长在园林树上、森林树干上，靠的是叶片制造的养分；而杜鹃、桃金娘原本的成长环境就在山坡上，它们已经习惯贫瘠的环境，即使不施肥，花一样也可以开得很好，所以肥料对它们而言并不是必需品，当然，施肥可以长得更好，不施肥也可以好好成长！

有的植物对肥料的需求比较高，例如扶桑花、茉莉、玫瑰，如果肥料不足会让花开得少，即使开花，花朵也会偏小。

🌿 扶桑需要施肥，花才会开得漂亮。

🌿 杜鹃不施肥，也可以开花。

已经施肥了，
为什么还不开花？

施肥前，先了解是不断开花，还是周期性开花？

施肥前，先了解你的花是什么属性，是一直开不停，还是很久开一次花？这是非常重要的！

不断开花的植物，定期施肥常保开花

像四季秋海棠、非洲凤仙花、矮牵牛这种会一直开个不停的植物，只要持续不断施肥，就能维持开花繁盛的样子。我曾经试验过，将开满花的矮牵牛盆栽买回家后，在完全不追加施肥的情况下，大约一个月后就不太开花了，虽然植株本身还好好的，但花开零星，不过只要一施肥，就会开始花开茂密。

周期性开花的植物，施肥时间很重要

对于周期性开花的植物，比如一年开一次花的茶花、杜鹃，或者两三个月到半年开一次花的树兰，就需要稍微做一下功课，在对的时间施肥才会有效。这类植物通常需要一段时间的成长、累积养分后才开花，

🌿 矮牵牛（左图）、
四季秋海棠（右
图），是常年开
花的植物，只要
不断施肥，就可
以维持繁花盛开
的样子。

而且开花前有时候需要外在的环境刺激
才会花芽分化 *。

　　每种植物从开花到下次花芽分化的
时间都不大一样，有的三四个月，有的
半年以上，不妨观察植株的变化，看到
新枝停止生长或芽开始膨大有花苞成形
了，就赶紧施肥，让正在酝酿开花的植
物，能得到适时的养分。

🌿 茶花一般来说是一、二月
开花，大概九月底、十月
初，就已经花芽分化，这
时施肥就刚好供应补充植
栽做分化时的养分。

* 花是从芽演变的，原本要成为茎枝的芽因为受到刺激，就会慢慢转变开成花
芽，这样的转变过程叫作花芽分化。而如何知道自己种植的植物什么时候、需
要什么刺激才会花芽分化，就得查询，做点功课才行！

水
分

**肥
料**

修
剪

其
他

针对兰花而言，如果已经开花了，再施肥就没有效果了，反而会因为施肥而让敏感的花朵掉落。所以像兰花类的植物，我会建议大家平常要养得够强壮，自行制造的养分能充分累积，当它身强体壮、生长条件对时，不用施肥依旧可以开花。

🌿 我家的兰花仿照原生
环境，绑在树干上生
长，相当强壮，持续
开花。

花肥、叶肥，差别在哪里？

了解植物营养三要素，投其所好不出错

现在的肥料外包装都越来越清晰，大部分都会以图片清楚地标示。开花植物专用的肥料，就会画上花朵；观叶植物专用的就会画上叶片，让买错肥料的概率大大降低。不过这些肥料的成分有什么不同呢？下面带大家了解植物营养三要素！

氮、磷、钾，植物营养三要素

因为长期栽培植物的介质养分会渐渐不足，所以如果植物生长缓慢、停滞，或开花结果状况不如预期，为了达到我们栽培的目的，就需要靠施肥来补充提供植物养分。

植物需要的养分有很多，大家比较熟知的就是氮、磷、钾，又称为**植物营养三要素**。这三种要素，刚好对于叶子、花、茎与果实的生长发育有所帮助。所以施肥前，要先知道目的是什么，是想促进植物开花，还是让叶子长得更好，这样才能提供正确的营养要素。

水分

肥料

修剪

其他

🌱 各种配方不同的肥料，必须按照植物所需来选择。

植物营养三要素

三要素	作用	施用时机	适用植物
氮 N（叶肥）	促进叶子和幼苗快速生长，让植物长高长大，枝繁叶茂，植株强健	植株发育不良，生长缓慢或停滞，枝茎弱小，新叶日渐变小，容易枯黄掉叶	观叶植物、叶菜类植物，以及植物苗株
磷 P（花肥）	针对细胞分化，促进花芽分化及花朵发育，有助于开花结果	不开花或开花变少。帮助植物结果，提高果实甜度	开花植物、果树
钾 K（根茎肥）	构成植物细胞壁的元素，细胞壁坚固，植物自然就强壮，所以钾对植物的强壮、根茎的发育，以及结果有很大的帮助	通常室内植物光不够，会让植物软趴趴，施加钾肥，可以帮助根茎组织强壮	多肉植物、仙人掌、兰花、玉米等植物，或室内植物保养用

肥料怎么买、怎么选，不出错？

一般肥料外包装都会清楚标示成分与使用方法，购买前先进行以下确认，买对肥料，才能给予植物最佳的养分。

1. 判别氮、磷、钾的含量

通常肥料上有3个数字，依次是氮、磷、钾的比例，有些肥料外包装还很贴心地直接在磷比例较高的肥料上印上花朵，代表开花专用。

✅ 包装上有代表氮、磷、钾的比例，比例相同，代表是一般植物通用的肥料。

2. 想要速效还是缓效型肥料

基本上，颗粒或粗粉状的肥料为缓效型，大约3个月施加1次，它的效果较持久，适合平常保养；细粉状或液体的肥料为速效型，大多需要加水稀释后施用，有立竿见影的效果，想要幼苗迅速长大，想要正在开花的植物开得更多更旺，都适合使用速效型肥料，通常一两周施加1次。所以看植物的状况，选择想要的效果！

不过磷在太酸或太碱的介质中较难被植物吸收，所以长期开花的植物必需持续施用磷含量较高的液体速效型肥料。

✅ 颗粒状肥料为缓效型肥料。

3. 选择化学肥料，还是有机肥料

　　一般来说，种于室内的植物建议施加化学肥料，可保持室内清洁；种于户外、食用的植物选择有机肥料，可以提供多样的养分并能改善介质，掌握这样的原则，就能轻松选购。

花草小教室

　　市面上有由化学肥料与有机肥料混合的复合肥料，因为外观呈黑色颗粒状，所以台湾地区俗称"黑粒仔肥"。而这种复合肥料综合了两种肥料的优点，不过它还是属于化学肥料，有机栽培就不能使用！

🌱 复合肥料。

化学肥料、有机肥料，哪种好？

两种肥料各有优缺点

肥料按照制作成分，可以分成有机肥料、化学肥料两种。至于哪种好，其实各有优缺点。

化学肥料干净无异味、效果直接

化学肥料是以化学原料或矿物原料调配制成的，例如硝酸钾、硫酸铵等化合物，所以称为化学肥料。

化学肥料的优点是干净、无异味，还可以用精纯来形容，因为它可以精准地满足不同植物的需求，如高丽菜专用、非洲堇专用、玫瑰专用等，能让农民根据自己所种植的农作物，给予效果直接的肥料，也可以说是"因材施教"的肥料。我们一般在花市上看到的开花专用、观叶专用的肥料，也都是调配好的化学肥料。

化学肥料使用过量容易造成土壤劣化

化学肥料的缺点是长期使用或过量使用时，日积月累会造成土壤酸化，化学成分在土壤里会残留矿物盐。

化学肥料不是不好，只要适当地使用，其实是有帮助的，不过过量使用，或使用方法不对，让多余的肥料残留在植物体内，或造成土壤酸化、盐化，容易让植物根部受伤。这就好比是"腌菜原理"，把化学肥料想象成高浓度的盐水，当植物根部浸泡在里面时，就会造成脱水，变成"腌菜"。

有机肥料比较不会造成肥伤？

有机肥料就是用动物的残余物与排泄物，植物的枝叶、树皮、木屑，以及榨油剩余的残渣等材料，经过堆积、发酵、分解之后的产物。

有机肥料有时由多种材料混合制成，如甘蔗渣、豆饼，或者动物的骨头、内脏、碎肉、粪便等，综合动植物的材料，所以有机肥料里富含非常丰富的养分。如果说化学肥料是精准的，那么有机肥料就是完整的。

土壤里有很多有益的生物，协助根部分解吸收，而有机肥料可以帮助土壤里的有益菌及其他微生物有很好的生存环境，这样就能让根长得好，植物自然强健，这样的功能是化学肥料所没有的。我常跟学生说，有机肥料就好像人喝酸奶一样，能用有益菌改善吸收。

室内避免使用有机肥料

有机肥料有可能因为制作发酵不完全而产生异味，即使味道很淡，人几乎闻不到，但仍容易引来果蝇等小虫。所以我会建议室内不要使用有机肥料，改用化学肥料，就能避免此困扰，保持室内干净。

而种在阳台、院子的植物，或你想要种来吃的植物，可以以有机肥料为主，除了较为安心外，也能将土质养好，让根系成长健全，对于植物的生长绝对有大大的好处。

有机肥料的肥效通常较低，比较不会造成肥伤，缺点就是效果缓慢，不过长期来看，有机肥料可以改良土壤的环境，让根系更为健全发展！

厨余也可以当作肥料?

牛奶、洗米水好！蛋壳、茶叶渣不好！

很多人想要把厨余当作肥料再利用，但并不是每一种厨余都适合，如果随意尝试，可能会招来一堆蚊虫果蝇，或伤害植物。

适合作为肥料的厨余

1. 咖啡渣，可驱逐蜗牛

细如沙的咖啡渣，放在盆土上分解的速度很快，可以适量地放置作为肥料。咖啡渣的气味可以驱离蜗牛和蛞蝓，不过味道消失就会失效，需要更替新的咖啡渣才可继续防治害虫。

🌿 咖啡渣的特殊气味有驱离蜗牛、蛞蝓的效果。

2. 牛奶，提供介质养分

过期的牛奶可以以 500 ~ 1000 倍稀释后，当作肥料浇花，牛奶中的成分可以为微生物提供养分，对介质有益。

3. 洗米水，最佳的天然肥料

洗米水含有氮、磷、钾的成分，是很好的肥料。另外洗鱼水对植物也很好，只是味道较腥，不适合用于室内植栽。

不适合作为肥料的厨余

1. 泡过的茶叶，需长时间分解

泡过的茶叶分解很慢，需经过长久时间堆肥后才能再利用。

2. 蛋壳，植物无法吸收

蛋壳的主要成分是钙，要分解到植物能够吸收非常困难，虽然蛋壳残余的蛋清可以当作肥料，但是作用有限，反而会替害虫制造躲藏的空间，因此不建议摆放蛋壳。

3. 一般食物厨余，分解后才能使用

食物厨余如果皮、菜叶等，要经过堆肥分解后才能当肥料使用。如果将未分解的厨余埋在土里，会产生几个问题：

· 厨余分解后会散发气味，引来小虫。

· 分解会产生生物热，尤其堆越多越热，会让植物根系受伤。

· 厨余在分解过程中需要氮，植物生长同时也需要氮，因此分解过程会抢走植物需要的氮，导致生长不良。

如何施肥才能达到最佳效果？

合适的肥料与施肥时机，创造最好的施肥效果

很多人在施肥后觉得效果不如预期，其实并不是肥料不好，有可能是施肥方式或肥料选择错误所造成的，要让植栽在施肥后达到最佳的生长效果，需要选择合适的肥料，搭配上适当的施肥时间，才能创造出最好的施肥效果。

这样施肥，效果最好

1. 速效肥，效果立即快速

不管是化学肥料，还是有机肥料，都有做成颗粒状的固体和必须加水稀释的液体两种。固体的效果较持久，就是我们说的**长效肥**，让肥料慢慢分解或渗入介质里面，又叫作**缓效肥**。液体的肥料，加入后马上就渗入介质，迅速被根部吸收，所以称为速效肥。

而何时要加**长效肥**，何时加**缓效肥**呢？最主要是看植物的状况，如果你的植物开花状态不理想，这时马上施加速效肥，就能明显见效。

2. 花肥、叶肥？对症施肥才有效果

再者，应考虑你施肥的目的是什么，是想要针对开花做改善，还是叶子、根茎部位？想改善的部位不同，使用的肥料也不同。

肥料有一个**水桶理论**，可以想象水桶是用许多木片拼起来的，有的木片短，有的木片长，代表肥料中的各种元素，假设其中一个木片太低，就会导致漏水，也就是肥料失去有效性，就会影响施肥的效果。

肥料使用不能长期只偏重一种，比如说种茶花时，你很期待花开很多，但长期使用磷很高的肥料，其他像根、叶部位得不到那么多养分供应，就会产生一些问题，甚至会导致肥伤，这个道理就跟人的饮食要均衡一样，不能因为多吃蔬菜很好，就只吃菜，而不摄取其他营养素。所以使用肥料一定要平均、全面，否则肥料用错可能比不用还糟糕。

3. 液态肥，需一星期追加一次

施肥后，还需要看种植的地方有没有下雨，会不会将肥料冲掉，如果是一般液体肥料，大约一星期就会失去效果，所以一星期需要施肥一次；如果是埋在土里的颗粒肥，可以持续数周至 2 ~ 3 个月之久，所以要记录施肥时间，并观察植物的变化，再做调整。

以下以丝瓜、杜鹃为例子,针对不同时期的需求来施肥。

丝瓜: 买了丝瓜苗回来,想要让它赶快长到棚架上面,接受更多的阳光,长更大,所以在初期发育时可以施加较多的氮肥,帮助幼苗长大,长到棚架上进行光合作用后,就会开始开花,这时就要改施磷钾肥。

🌿 在丝瓜初期发育时,施加氮肥,帮助幼苗长大。

杜鹃: 在花期过后,施加一般的通用肥料即可,等到花芽分化和花芽发育期,再施加磷较多的肥料。

春天，是施肥的最佳季节？

在植物的生长阶段施肥，才是最佳时机

一年之计在于春，一般的木本植物在整年的生长循环过程中，春天是生长最明显的季节。像茶花、杜鹃花、樱花、梅花等花树在开完花后马上会开枝散叶，这时就是它最需要肥料的时候，不过这样的标准并不适用于所有植物，因此整理出以下原则，帮助大家掌握施肥的最佳时机。

三大原则，掌握正确施肥时间

1. 在生长阶段施肥最好

植物在生长阶段施肥最好，不过如何知道植物何时处于生长阶段呢？还需要靠种植者多观察了，如果植株长新芽、冒新叶，就表示在生长、需要养分，因此需要施加肥料。如果植株枯萎、掉叶，表示正处于休眠期，这个时期就不需施肥。

2. 播种时不用施肥

将种子种到土里的阶段不需要施肥，等到发芽后长大一点儿，长出真正的叶子（称为**本叶**），才需要进行施肥。

3. 开花结果后施肥

在花谢后，或采收完果实时需要施肥，这个道理就像人生产完要"坐月子"一样，帮身体把元气补回来，所以需要"进补"，在植物里我们又叫作"礼肥"，意思就是开花结果后，需要有"还礼"的动作，是不是很有意思呢！

花草小教室

以下是常见的错误施肥方式，需加以避免。

将肥料撒在树干基部

很多人在为树木施肥时，会直接把肥料放在树干基部，但是这里的粗根并没有吸收能力，这样的施肥方式当然无效。真正能吸收的根是在根系最末端的细根，所以应该要施在枝条最外围对应下来的位置，才是最有效的施肥位置。不过如果是范围小的一般盆栽，就不会有这种问题。

将颗粒肥撒在土表

长效肥尽量要埋入土里，避免放于土面上，暴露在空气中会让肥料的一些成分挥发，而且还可能因为下雨或浇水被冲掉。而且有机肥还会引来害虫，如金龟子，闻到有机肥的味道就会跑来下蛋，长出来的小金龟子就是俗称的鸡母虫，会啃掉植物的根，所以颗粒肥最好要埋入土里。

植物一定要修剪吗？修剪技巧是什么？

定期适度修剪，才能维持植株健康

很多人刚开始种植时，会有舍不得的心理，觉得好不容易将植物种得枝繁叶茂，要修剪是多么可惜的事！植物经过栽培不断生长，剪除过多、过长或不好的枝叶，可以保持美观、促进健康等，所以千万不要舍不得修剪！

定期修剪的四大好处

1. 剪除过于茂密的枝叶，避免病虫害

当植栽长得太高、太宽、太茂密，或通风不良时，都需要进行修剪。尤其在过于茂密的情形下，枝干与叶片密密麻麻地交错着，照不到阳光的地方就会慢慢枯萎掉落，容易有病虫害入侵或藏污纳垢，此时修剪是必要的。

2. 修剪残花败叶，避免腐烂

若有残花败叶或生病、枯烂的地方，绝对需要修剪，凋谢的花朵继

续留在植株上，不仅有碍观赏，而且容易阻碍之后花朵的发育。

3. 适度修剪，刺激生长

例如秋海棠、石竹花，若不剪除残余的花，开花情形会越来越差；茉莉花，在长枝前将它剪更短，会促进它长更多枝、更茂密，施肥后就能开更多花。

4. 维持美观

观叶植物的叶子生长旺盛，定期修剪，可以维持外形美观。斑叶植物，有可能突然冒出单色枝条（我们称为**返祖现象**），虽然不影响植物健康，但是为了美观，可以剪除。

修剪的 3 个技巧

正确适当地修剪，能帮助植物长得更好，但是如果随性乱剪，可能会对植物本身带来负面影响。当我们发现植物有必要修剪时，从哪里剪比较好？你知道修剪的位置不同，会影响植物日后的生长吗？掌握以下3个技巧，能让植物越剪越漂亮、越健康！

1. 不要的枝条，全枝剪除

当你发现植物过于密集或枝条生长方向不对，且非常确定修剪的是不必要的枝条时，请大胆地从该枝条长出来的位置，完全剪除！很多人在修剪时，会习惯留下一小段枝条，但这一小段会带来后患，容易会再长出新枝或造成枯朽，甚至是病害侵入的温床，所以如果确定是**不要的枝条**，请放心地全枝剪除吧！

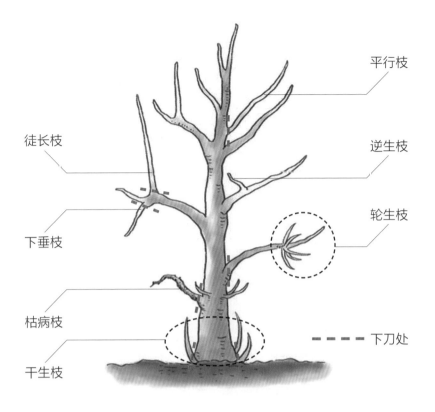

平行枝

徒长枝

逆生枝

下垂枝

轮生枝

枯病枝

干生枝

- - - - 下刀处

 修剪各种不良枝，让植株生长更好。

2. 剪长或剪短，可以控制植物的茂密程度

　　想要植物长得密集或稀疏，都可以利用修剪来控制，当你修剪的位置不同时，会让植物有完全不同的生长情形。只剪掉枝条的末端，长出的新枝会比较细瘦。如果剪掉比较长的枝条，长出的枝会比较强壮。记住修剪口诀：**弱剪长弱，强剪长强**，就不会剪错了！

 金橘强剪枝条后，发出大量新芽，生长更旺盛。

3. 留下外侧芽，让叶子往外成长

大家可能不知道每个叶子的附近都会有小小的芽，我们叫作**腋芽**。长在枝条外侧的叫**外侧芽**，长在枝条内侧朝向树木中心的叫**内侧芽**。修剪时，如果留下内侧芽，就会让日后的枝条往中间生长，造成植株越来越密集拥挤，所以修剪时，尽可能留下外侧芽，枝条才能往外开枝散叶，长得旺盛、好看。

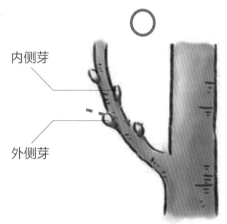

内侧芽

外侧芽

☘ 留下外侧芽，让枝条往外侧生长。

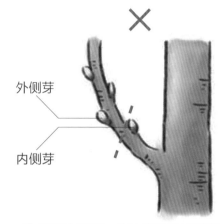

外侧芽

内侧芽

☘ 留下内侧芽，会让植物越长越密。

花草
小教室

修剪后，需留意观察与维护。

修剪很大、很粗的枝条时（手臂以上的粗度），要分段修剪，以免枝条断落时撕裂树皮。

粗枝剪完需保持伤口干燥，千万不要用塑料袋包覆住，避免潮湿造成腐烂。

修剪后需要施加肥料，帮植物补充养分，以促进恢复生长。

修剪处后续会冒出很多新芽，需要再进行**"留强去弱"**的修剪动作，将细弱的枝条剪掉，留下较强壮的枝条，以利于后续生长。

开花植物不能随便修剪？
为什么？

修剪前，需掌握花芽分化的时间

一般常见的金露花、榕树、罗汉松，作为庭院树或篱笆，当叶子太多、太茂密，或造型凌乱时，随时修剪也不会影响植物的生长。以观叶、观形为目的的树木，在修剪时不需考虑季节时间，只要姿态凌乱就可以剪除。

不过修剪开花植物必须要很小心，因为每种花要从枝上的芽变成花的时间点都不同，如果即将要变成花的枝芽被你一刀剪掉，之后就苦等不到花儿来报到了。

开花植物的修剪方式

1. 常年开花植物

只要枝长出来随时都会开花，所以没有花芽分化的问题，随时都可以进行修剪。

2. 定期开花植物

季节性开花的植物，通常一年开一次花，掌握植物花芽分化的时间，避免在那段时间修剪，才不会发生开花植物不开花的情形。

🌿 扶桑花为常年开花植物，随时都可以修剪。

🌿 绣球花为定期开花植物，需注意花芽分化时间再修剪。

3 个范例，搞懂修剪时间

1. 金橘

想要让金橘在 1 月过年期间结果，要如何靠修剪控制？金橘从开花到结出金黄色果实需要 4 个月的时间，所以 7 月进行最后 1 次修剪，到 1 月就可以有满满的金黄果实。

2. 杜鹃

杜鹃在春天开花完马上就会长枝，枝条末端的芽在夏季就会花芽分化（也就是芽变成花芽），必须避免在 7 月后进行修剪，否则将影响后续开花情形。

3. 圣诞红

圣诞红在入秋后会感应到白天变短、晚上变长而花芽分化，所以要避免在秋天修剪，以免延后开花时间。

🌱 金橘从开花到结果需要 4 个月。

🌱 暑假后是杜鹃花芽分化的时间，应避免修剪。

🌱 圣诞红避免在秋天进行修剪。

花草小教室

如果无法知道植物是何时花芽分化，不要轻易修剪，除非是非剪不可的不良枝条，避免剪掉花苞，造成开花延迟。

顺手摘心，简单的日常维护？

修剪不一定要用剪刀，用手摘除更方便

在日常花的养护工作中，其实随时用双手采摘，就可以让植物长得更好。

摘心、摘芽，日常的维护工作

植物的芽刚长出来还很嫩时，可以进行摘心和摘芽。

1. 摘心：刺激侧芽生长

绝大部分植物的养分会优先供给到顶芽，让植物不断地往上长高，造成植株常常只会不断抽长，却不长胖。这时可以利用摘心的动作，来帮助植物往横向成长。摘心的道理很简单，就是将顶芽摘除，让养分转而刺激旁边的侧芽分枝生长，使枝条更多、更茂密。

🌿 适时地摘心，控制植物的高度。

不管是成熟的植株还是小盆苗，都可以通过适时地摘心，控制植物的高度，使其生长得更茂密。

2. 摘芽：让养分更集中

当植物的芽太多时，会长出过多分枝，造成生长过于密集，我们可以适时地进行摘芽，让养分集中在主枝，植物自然就不会漫无目的地乱长了。

🌿 茶花修剪后冒出太多新芽，需适度摘除。

花草小教室

种植大花品种的玫瑰花，当花苞太多时，养分需要分给各个花苞，如果贪心地想留下全部花苞，开出来的花会比较小。所以需要进行疏花，将多余的花苞剪除，让养分集中给主要的花苞，就能让花朵开得又大又美丽。

其他

杂草长不停，怎么办？

定期除草并覆盖介质表面，杂草不要来！

如果只是几盆盆栽长出杂草，只要在平日照顾养护时随手拔除即可，不过盆栽越种越多，杂草密集出现，就是令人头疼的问题了。

杂草带来的不良影响

杂草是从哪里来的？有可能是因为风将杂草种子吹来，或原来就存在于土里，在照顾植株时，同时也照顾了它们，而让杂草日益生长。如果漠视杂草的存在，可能会对植株产生一些危害，不可不除。

1. 阻碍植物生长

如果杂草长得太旺盛，会阻碍植物的生长，有些杂草甚至会分泌阻碍植物生长的排他物质，不能放任不管。

2. 竞争植物生长要素

杂草的生命力很强，会跟主要的植株竞争水分、养分和光线，像藤蔓类的杂草会缠住植物生长，抢走原有植物的光线，不能不除！

🌿 杂草会跟植物竞争生长要素, 抢走植物所需的养分。

3. 病虫害的征兆

很多种植者只会把目光放在自己用心栽培的植物上, 对杂草视而不见。当杂草感染病虫害时, 往往也会被忽略, 导致蔓延传染到植株本身。

定期除草并覆盖介质

1. 将杂草拔除

所谓"斩草不除根, 春风吹又生", 有些根茎发达的杂草, 要使用工具连根拔起。

2. 覆盖土面

在栽培的植物盆土上覆盖塑料布或稻壳, 让土面不暴露。

花草
小教室

如果栽培环境需要大量处理杂草时, 可以在杂草萌芽初期, 选用壬酸等对环境友好的药剂, 施用时要注意不要喷洒到栽培植物。

叶面亮光剂
对植物有不良影响吗？

适量使用叶面亮光剂，有好无坏

很多人种植观叶植物时，会使用叶面亮光剂，让植物叶片看起来充满亮光感，增添美感。使用时要特别注意，以免造成相反效果。

适量使用，能让叶片光洁亮丽

叶面亮光剂又称叶蜡，在花市、园艺资材行都买得到。正确使用叶蜡，可以让观叶植物的叶面充满光泽感，能够防止静电，让灰尘不易附着，保持叶面干净。不过如果使用过量，会让叶面看起来又油又厚，失去真实感。

🌱 喷过叶面亮光剂的植物，叶面充满光泽感。

叶面亮光剂的错误用法

叶面亮光剂受到阳光照射会变质，所以只适用于室内植物。喷洒前，必须详细阅读商品标示的说明，以免错误使用，导致植物受伤。以下列出一般人经常犯的错误，请大家小心避免。

1. 不能喷叶背

叶背有气孔，如果喷上叶面亮光剂会让气孔堵住，导致叶片无法进行呼吸。

2. 喷洒的距离不能太近

如果喷洒的距离太近，叶面亮光剂很容易喷太多、太厚！

3. 不能喷洒于绒毛叶片

有绒毛的叶片或多肉植物都不宜使用。

4. 室外植物不能喷

阳光会让叶面亮光剂变质，对植物有害，需避免。

🌿 不能喷叶背。

🌿 不能靠太近喷洒。

🌿 不能喷绒毛叶片。

水分

肥料

修剪

其他

台风来袭，如何帮植物做好防台风准备？

帮植物做好基本防台风措施，可减少损伤灾情

采取防台风措施的主要目的是减少台风给植物带来的损伤，同时也是为了安全考虑，避免盆栽被强风吹落造成危险。

十大重点，植物防台风这样做

1. 将盆栽移到安全位置

只要有移位、坠落可能的盆栽都要收放好，如吊挂，放在栏杆、围墙上的植物，都要移到不会受到强风吹袭的地方。

2. 藤蔓植物要绑紧

对藤蔓植物要加强系绑工作，如果系绑的位置太少，绑的位置反而容易变成施力的支点而折断，建议距离 1 米左右绑 1 个结。

3. 垫高盆栽，以免泡水

请记住"枝叶吹断事小，根部浸烂事大"。会淹水的地方，将盆子垫高，以免植株泡水。

4. 修剪脆嫩枝条

抢先在枝叶脆嫩的植物被吹断前修剪，至少可以控制断掉的地方而且伤口平整。但是一定要确认台风必来才做，否则就白费工夫了！

5. 排水孔保持畅通

阳台、屋顶的排水洞保持畅通，否则落叶残花堵住洞门，大量雨水一时排泄不了，就会造成淹水。

6. 将植物横躺放置

重心不稳或中大型易倾倒的盆栽，建议直接让它先躺平吧！这样盆栽比较不会被吹坏，避免造成伤害。

7. 覆盖布袋、塑料袋

如果有细嫩枝叶的植物，可以用塑料袋将植物整株罩住绑紧，或者在植物上方盖上布袋，就能避免叶片被吹坏。覆盖布袋或塑料袋后应将里面的空气挤出并绑好，以免风灌入袋中形成风筝效应，让整株植物被风拔起。

8. 撤除遮阴网

若花园里设有遮阴网、遮雨棚等设施，要注意是否牢靠。建议在台风来临前先将这些设施撤掉，以免强风将支架吹垮，损伤植物。

9. 大型植物立支架

木本植物个子高、受风大，可以利用一些能够支撑的道具，立支架帮助固定。可仿照路边行道树的做法，用3根支柱交叉的方式固定。立好后轻摇确认是否牢固，如果会晃，就要再重绑。小株植物可以用单支斜撑即可。

10. 抢收食用植物

如果种植一些蔬菜水果，可先将能够食用或快成熟的进行采收。

🌿 太长的枝条或大片的叶子，都可以在台风来临前先剪掉。

🌿 将植物套上塑料袋后，要绑紧避免风灌入袋中。

台风过后，修复植物这样做

1. 修剪枝叶

枝叶难免有折断、撕裂、破损的情形，可以将这些地方剪掉、剪齐，以免病菌侵入伤口。

2. 压紧介质

受风摇动，容易有根基松动的情况，要将土压紧，让植物得以稳固，否则根系与介质没有紧靠在一起，根部便无法从介质中吸到水分，将会使植物产生缺水凋萎的现象。

3. 将植物移位

目的是预防叶片灼伤。因为有些植物上方的遮盖物被吹坏、吹走，或树枝折断、修剪，让原本生长在荫蔽处的植物突然暴露在烈日下，容易发生日烧，所以可以将习惯处于阴暗环境的植物换个位置。

4. 喷杀菌剂

如果盆栽浸水且被风摧折严重，则要考虑喷杀菌剂，因为介质潮湿加上植物体有许多创伤，是病菌侵入的机会。可选择对环境危害小、毒性低的杀菌剂，例如快得宁、甲基多保净、亿力等，在农会或资材行都买得到，按照使用说明喷洒，可预防风灾的后遗症。

5. 搜集繁殖材料

台风过后路旁可以见到一些清理出来的断枝，有些可以作为繁殖材料。像缅栀、南洋樱、大花曼陀罗等枝条脆的树木，可以剪取完整的部分来做扦插，通常存活概率高。

4 繁殖篇

植物的繁殖方法分为**有性繁殖**和**无性繁殖**两大类。

有性繁殖就是以种子播种繁殖；

无性繁殖则有扦插、压条、分株、嫁接、组织培养等。

了解栽培植物的基本方法和繁殖方法后，

越种越多这件事就更得心应手！

種子繁殖

如何判别种子的好坏?

选对好种子，成功种植的第一步

从一颗小种子发芽，到长根、长叶的成长过程，总让人感到满足、充满乐趣。不过相信许多人都有失败的经验，以下列出大家在播种时最常忽略的细节，只要稍加留意，就能让种子成功发芽的概率大大提高！

种子不好，当然不发芽

很多人开心地买了种子回家播种，却发现种子发芽率或生长情形不如预期，其实很有可能在购买种子时疏忽了选购细节。选对好种子，是成功种植的第一步。

1. 种子是否新鲜

选择种子时最重要的就是新鲜度，种子放置越久，成长活力就越低，所以购买时应查看外包装上的采收日期或包装日期，确保买到的是新鲜种子。

2. 种子的品种特性

同一种植物因为人工培育的目的，可能会有不同的环境适应性，例如百日草就分凉性的一般品种与耐热的夏天品种，购买时得先分清楚种子适合的季节。

3. 种子摆放的环境

种子遇高温容易变质，最好以低温保存。购买种子时，发现店家置放于阳光照射处，应避免购买。

按照种子特性，给予合适环境

种子外包装会有品种特性的说明，像花色是混合色或单一色、属于高性或矮性品种等，应视日后生长环境挑选合适的品种。

例如胡萝卜有长的与短的品种，如果居家种植，受限于空间，最好挑选短的品种，以利生长；菜豆有高的与矮的品种，如果要种在盆里，就选择矮的品种，有攀爬空间时，可选择高的品种。

自己播种好？还是买花苗比较好？

其实播种是很精细的工作，播种过程繁复，种子需要的培育期也较长，所以对于种植新手而言，建议先买花苗种植，同样也能享受到栽培的喜悦。

🌱 用播种法培育的苗盆。

或选择容易播种成功的种子，如向日葵、蜀葵、牵牛花、波斯菊、百日草等，都是成功易种的种子！

🌱 向日葵是容易播
种成功的种子。

如何提高种子的发芽率？

将种子泡水，是最有效的催芽方法

所有种子发芽都需要水，因此水分绝对是发芽的关键，除了微小的种子不适合泡水以外，大部分种子都可以借由泡水来促进发芽。

3 种帮种子催芽的方式

1. 泡水催芽

促进种子发芽的方法很多，不同的种子也会有不同的催芽方式，而泡水法就是最基本、最简单的方法。泡水除了可催芽外，还有助于让种子一起发芽。

2. 利用低温打破休眠

有些种子可以利用温度控制来打破休眠，促进种子发芽。利用低温打破休眠的植物种子，有三色堇、莴苣种子；利用高温打破休眠的植物种子，有含羞草、椰子类种子。

3. 弄破种子硬壳

有一些有硬壳的种子，需要将壳弄破才能帮助吸水，如莲子、牵牛花、苏铁的种子，皆属于此类。

🌿 芫荽种子坚硬的果壳要先压碎，才能帮助里面的种子吸水。

种子需密封冷藏，以保持活力

虽然种子最好在新鲜阶段进行播种，不过有时碍于种植考虑，无法立即处理，这时需先保存，建议步骤如下。

1. 密封保存

用夹链袋密封保存，可以防止病虫害入侵及种子氧化。

2. 贴上标签

在夹链袋外注记种子名称、采收日期、封存日期等。

🌿 开封过的种子可以用夹链袋密封，防止病虫害入侵。

3. 冷藏种子

置于高温处的种子很容易损坏，需保存于阴凉处，最好放入冰箱冷藏，种子在低温下会进行休眠。即使是冷藏的种子，还是需要尽快播种，切勿放置太久。

粉衣种子与
一般种子有什么不同?

粉衣种子包裹着人工药剂，能帮助种子生长得更好

外层包裹药剂的种子，称为粉衣种子。制作厂商不同，粉衣种子配方也各不相同，不过一般包裹的人工药剂大多含有 3 种成分：杀菌或杀虫剂、肥料、生长激素。

粉衣种子的特点

1. 体形较大、易于播种

因为经过人为加工调整，整形后的种子体形较大，形状统一，易于让机器播种，但它的播种方式和一般种子并无不同。

2. 颜色独特

颜色会与原本种子不同，如玉米、辣椒的粉衣种子是粉红色的，菠菜的粉衣种了是蓝绿色的。

3. 不适合有机栽培

绝大多数粉衣种子包裹的是化学药剂，若强调有机栽培，就不适合选用粉衣种子。

4. 价格较贵

因为添加化学药剂，所以价格上自然比天然的种子昂贵许多。

5. 多为经济栽培

选用粉衣种子栽培多半是有目的性的，如预防病虫害、希望生长快速等，较少用在居家趣味栽培中。

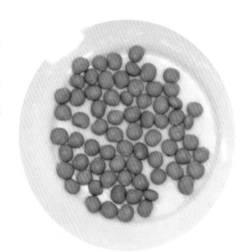

🌱 粉衣种子的体形较大，颜色也很特别。

为什么播种会失败？

给予适当的环境，成功发芽非难事

种下种子后，满心期待发芽带来的惊喜，但是等了一段时间，怎么还是完全没有动静呢？或者是一发芽就死掉？想要得到发芽带来的喜悦，除了挑选健康的种子之外，种植环境的温度、湿度以及介质等，都是影响种子发芽的要素。

环境不对，当然不发芽

种子的外包装上，通常会标示种子的发芽率在 50% ~ 75%，如果发芽率低于标示标准，可检视在播种时是不是出现以下问题。

1. 是否覆土

一般来说，大颗的种子需要覆土，微小的种子（如四季秋海棠）或少数好旋光性种子*就不能覆土，所以播种时，必须要先判断是否需要覆土。

* 好旋光性种子，即喜好光线的种子，通常会标示在种子包装上，因此好旋光性种子在播种时不能覆土，与好旋光性种子相反的则是嫌旋光性种子，大多数种子都属于此类型。

2. 湿度

介质过于潮湿，会让种子处于过于湿润的环境，就容易腐烂。

3. 温度

温度也是种子发芽的关键，在不合适的季节播种，当然无法发芽，一般种子的外包装会说明适合播种的季节或成长温度。

4. 新鲜度

有些种子因为存放太久，已经失去生命力，失败率当然很高。

5. 介质清洁

播种时最好使用全新的介质，以免带有病菌的旧介质让种子受到感染，产生病害。

什么是扦插繁殖？
成功率高吗？

扦插，最简单、成功率高的繁殖方法

扦插是**无性繁殖**的一种。把植物体的一部分插入介质当中，使其长根发芽成为一株植物体，就叫**扦插**。

常见的 4 种扦插法

扦插可以利用植物的叶子、根、枝当繁殖材料，因为操作简单、成功率高，所以是最常使用的繁殖方法。

1. 枝插

取枝条 2 ~ 3 个节点的长度，作为扦插材料。适用于大多数草本及木本植物。

🌱 葡萄硬枝枝插。

种子繁殖

扦插繁殖

压条繁殖

分株·嫁接繁殖

2. 叶插

使用叶片作为扦插材料。适用于叶片较肥厚的植物，例如：非洲堇、大岩桐以及景天科、椒草科等植物。

3. 芽插

取枝条的一个节点作为扦插材料。常用于苦苣苔科、天南星科。

4. 根插

以植物较粗大的根部作为扦插材料。通常在植物换盆或移植时，才会用此繁殖方法，常见有仙丹花、阿福花科多肉植物。

🌿 西瓜皮椒草叶插。

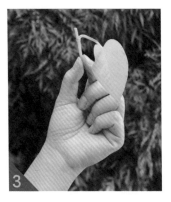

🌿 黄金葛剪下一个节点，就能进行芽插。

🌿 换盆时如果有比较粗大的根，可以剪下来扦插。

花草小教室

大部分植物枝条都能进行扦插繁殖，少数不容易长根的植物较容易失败，如茶花、桂花等，可以将枝条蘸发根剂并保持环境湿度才能提高成功率。

枝插繁殖
成功的关键是什么？

选择健壮的扦插枝条，成功繁殖不失败

扦插法是成功率极高的繁殖方法，尤其又以枝插的方式最常使用，只要掌握以下关键，就能享受一盆变多盆的乐趣！

枝插成功的五大关键

用来扦插的枝条，称为插穗。选择好的**插穗**，是扦插成功最重要的关键！

1. 选择饱满健壮的枝条

很多人枝插失败的原因，通常是舍不得剪下健壮的枝条，往往剪的是较细、较弱的枝条，在先天不良的条件下，当然容易失败。很多人问我要怎么选择扦插的枝条，我都告诉大家："剪下你最舍不得的那枝就对了。"选择最饱满健壮的枝条，具有充足的养分和生长势，成功率自然最高。

2. 茎枝带有 2~3 个节点

插穗要剪多长呢？10 厘米？20 厘米？插穗没有固定的长度，重要的是需要确认茎上有 2 ~ 3 个节点。茎枝上长叶子的地方叫作节，也是长叶发芽的地方，如果剪下的插穗刚好在节与节中间，自然就会很难发根，所以插穗上的节点越多，越利于扦插成功。

🌿 选择的茎上有 2~3 个节点。

3. 避免在高温下剪枝

剪取插穗时最好避开太阳最强的时候，因为剪枝时叶子本身处于脱水状态，若处于高温下就容易导致失败，若不得已一定得在高温下进行，可以将较大的叶片剪掉一半，并且立即插水，使其吸饱水分后，再插入介质里。

4. 选择合适的季节

一般来说，夏季天气热，水分蒸发快，不利进行草本植物的扦插，于春、秋两季较为合适。不过有些喜好凉冷的植物，如薰衣草，在冬天插枝会比较好。所以掌握大致原则：一般草本植物在春秋两季，热带植物则在春至秋季进行扦插。

5. 选择老枝或嫩枝

木本植物的扦插大概分为老枝（咖啡色的茎枝）扦插和嫩枝（绿色的茎枝）扦插两种。例如桂花、茶花、栀子、杜鹃要用嫩枝；樱花、九重葛就要用老枝。

6. 减少伤口感染的机会

剪下茎枝时，也代表植物本身有伤口，这时容易受到细菌感染，所以剪的时候，最好要使用干净锐利的剪刀，将剪下的插穗自然风干后，再插入全新干净的介质里，就能将感染的机会降至最低。

叶插繁殖容易吗？
成功的关键是什么？

避免叶子溃烂，就能大大提升成功率

有些再生能力很强的植物，我们可以利用叶子来繁殖，如非洲堇、秋海棠、虎尾兰、椒草等，都很适合叶插繁殖。

叶插繁殖的三大关键

1. 选择成熟叶片

通常植物最外围是较为成熟的叶片，切下来做叶插的成功率会较高。切下约 1 厘米的叶柄即可，避免切太长导致溃烂。

2. 做好保湿工作

除了多肉植物外，保湿是成功叶插的关键。将叶子插入土里并浇水后，盖上保鲜膜或塑料袋，可以帮助维持保湿度。

3. 避免感染

用干净或经过消毒的刀片来切除叶片，取下来的叶片先让切口自然风干后，再插入介质中，以避免病菌从湿润的切口侵入感染。

非洲菫叶插繁殖

很多人试着叶插非洲菫时，都会遇到腐烂的情形，其实大多是**材料不干净**所引起的，记得介质一定要用干净全新的，或用热水先烫过，更有消毒杀菌的效果。

1. 准备材料

准备叶插繁殖所需的材料：美工刀、保鲜膜、介质、盆器和繁殖植物。

2. 切下叶片

将美工刀以酒精棉片消毒后，切除叶片，大约留下1厘米的叶柄即可。

3. 插入介质

将介质浇水，再把叶片切口处插入介质中，叶插的角度约45度，不要让叶片高出盆栽，以便于下个步骤进行覆盖保鲜膜。

4. 覆盖保鲜膜

用保鲜膜将盆栽覆盖，目的是加强保湿度。包覆后，不需要再进行浇水。

5. 等待发芽

耐心等待 2 ～ 3 个月，等到发芽之后再将保鲜膜打开，再将新芽切开另外种植，叶插繁殖就大功告成。

花草小教室

很多景天科的多肉植物即使不小心碰掉叶片，也能再度生长。所以叶插的方式非常简单，可以说是零失败的。只要将叶子平放在介质上，就可以扎根长芽。如果将叶子插入介质里，反而因为会被土闷住而失败。

🌿 只要将叶子平放在介质上，就可以将石莲花成功繁殖。

什么是压条法？如何操作？

适合藤蔓植物使用的繁殖方法

压条法是一种存活率极高的繁殖方法，只要枝条柔软、能够压到地上的植物都可以做，是发根快的速成招式。

一般压条法

压条法，就是将枝条压到介质中使枝条长根，再将长根的枝条切离母株，成为一棵新植株的繁殖方法。主要使用在藤蔓植物或枝条较柔软的部分灌木。

茉莉花的枝条可以长得很长，这时就可以进行压条繁殖了。将枝条压到盆土里并固定，经过一段时间，压在土里的茉莉花就会长根了。

🌿 黄夜香木枝条柔软，可以直接利用一般压条法来繁殖。

空中压条法

如果枝条坚硬，无法弯到地上怎么办？那只好直接在高高的树枝上进行，这就是空中压条法，简称高压法。有没有见过树枝上包着一包包塑料袋，不知装的是什么东西？那就是在进行空中压条。

空中压条法大多用在木本植物，只要是树木没休眠的季节都可以进行。

🌿 玫瑰空中压条。

海南山菜豆的空中压条法

1. 选择压条位置

选择直径 2 ~ 3 厘米的枝条。位置的选择，就看未来切下来种植后希望的植株高度。

2. 环状剥皮

用剪刀或刀片将树皮割两圈，两圈的距离为 1 ~ 2 厘米，再将两圈之间纵割一刀开口，然后将树皮整圈剥下。

1 ~ 2 厘米

🌿 **环状剥皮**的目的是让枝条上方叶片通过光合作用制造养分，借由树皮输送下来时阻断在剥皮的位置，这里会形成**愈合组织**后长根。

3. 包裹水苔

　　将大约一个手掌的湿水苔，紧包在环状剥皮处，利用水苔保湿，促使环状剥皮的位置长根，并让根部得以吸水生长。

4. 包覆塑料纸

　　水苔包好后，用塑料纸包紧固定，保持水苔的水不流失，也避免雨水流入。接下来只要耐心等待一段时间，等根长出来，取下塑料纸，从水苔的下方剪下，即为新的植株。

🌿 使用土壤、培养土等介质也可以，不过操作起来较不方便。

🌿 包覆塑料纸，保持水苔水分。

分株法，
最快速不失败的繁殖方法

利用分株法，快速将植物一分为二

分株法是最快速简单的繁殖方法，只要用铲子或徒手将植株一分为二，就能轻轻松松完成繁殖。不过分株法只适用于在丛生型植物，并不适用于每种植物。

分株法只适用于丛生型植物

所谓丛生型植物指的是从基部会不断长出新芽的植物，如韭菜、金针、铁线蕨、兰花等。这些植物如果生长得过于拥挤，只要用铲子往植株中间一铲，或徒手就能轻松分成二或三份。

从每丛分开后的新植株拥有完整的根、茎、叶，这与扦插繁殖方法不同，只要再将它们分别种植到新环境中，分株就大功告成。而且通常分株会配合换土、换盆，达到多种需求一次满足的效果，是省时又省力的繁殖方法。

🌿 只要徒手，就能将巴西鸢尾进行分株。

嫁接法栽培可以让果实变甜？

利用**嫁接法**，帮助培育质量优良的果实

在果树栽培的世界里，嫁接法是很常见的繁殖方法，它能改良植物的遗传特性，繁殖出好的品种，使果实的品种优良稳定。不过嫁接法只能运用于同品种或者亲缘关系相近的植物。

嫁接法，繁殖出优良品种

嫁接是取用良好品种的枝条，接在另一株同种或亲缘植物的枝条上，使良好品种得以繁殖的技术。它的原理是将两枝切开的枝条对在一起，让枝条内的形成层产生愈合组织，绑紧后就会慢慢地相连起来。嫁接繁殖的难度较高，需要一定的专业技术才能成功。

举例来说，有一棵结出好吃柚子的柚子树，我们可以取它的枝条接在另一棵结出不好吃柚子的柚子树上，

🌱 嫁接能繁殖出更好种、品种更优良的植物。

这样就会长出好吃的柚子，是不是很神奇呢?

购买嫁接植物时，要特别注意嫁接处有无异状，如果嫁接处变粗，代表愈合组织异常发育，日后很容易折断。如果嫁接后长出来的新枝瘦弱，也代表这株植物的嫁接不成功，大家在选购时要多加注意，避免选到生长状况不良的嫁接植物。

5 病虫害篇

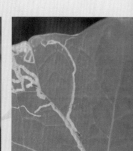

植物为什么会生病?

遇到"虫虫"危机该怎么办?

预防胜于治疗,了解并加以防治,

让植栽远离病虫害!

病害

如何避免植物生病？

做好日常维护，打造不生病的环境

植物和人一样，当身强体壮时，自然拥有极佳的抵抗力，足以对抗病虫害的侵袭，所以做好日常的照顾，就能降低生病的可能。

预防病害的四大重点

1. 给植物合适的生长环境

依植物特性的不同，适当地给予植物所需环境。例如：植物喜欢干燥就给它干燥的环境，喜欢湿润就给它湿润的环境，喜欢半日照就给它半日照的环境，喜欢全日照就给它全日照的环境。

2. 良好的通风环境

当植栽放在紧闭门窗的室内空间时，闷热不流通的空气就会让产生病害的概率大大提升，所以即使只是开个小窗，让室内空气得以循环流通，也可以减少病害发生。另外还需要注意盆栽间不要摆放得过于密集，若种植空间密集，植物也易发生病害。

3. 剪除染病部位

早期发现，早期治疗，对于植物而言也非常适用。只要随时细心观察，发现有一点儿初期生病症状，就赶快将生病处剪掉，阻断传染源，预防感染蔓延，植物恢复健康的概率就能大大提升。

4. 使用辅助工具

市面上有卖一些有益菌（会杀坏菌的好菌）可以对抗坏菌，其他像有机无毒的木醋液，不但可以促进植物生长，也可以预防一些病害。

从叶子判断是病害还是虫害

当植物健康出现问题时，我们可以根据叶片的状况来做初步判断，帮助找出病因。

1. 叶片出现破洞

叶片出现破洞表示有虫啃食，可以进一步观察虫种，再决定用何种防治药剂。

2. 叶片变皱

有些虫会在叶片背面吸取汁液，导致叶子变皱。如蚜虫、介壳虫，都是让嫩叶变皱的凶手，将叶子翻到背面，就可以在皱褶里看到虫的痕迹。

3. 叶子长霉、腐烂、枯萎或变黄

当叶子出现长霉、腐烂、枯萎等症状时，就表示植物生病了，若症状轻微，可将患部剪除。如果症状严重，建议整株丢弃，以免传染给其他健康植株。

🌿 叶片有破洞肯定是发生虫害，需进一步判断虫种。

🌿 植物枯萎病害，必须整株丢弃。

🌿 虫害会导致叶片变皱。

花草小教室

因为环境不对，造成植物生长不良的情形，我们叫作**生理障害**，也算是病害。例如太冷、冻伤、太热，都是生理障害，所以环境是植物维持健康的关键。如喜欢凉爽环境的非洲堇，如果在闷热的环境下，容易生长衰弱，这时只要将它们移到凉爽舒适的环境中，就能得到改善。

居家常见的植物病害

错误的栽种方式或病菌入侵，会让植物受伤

是否按照植物的特性选择合适的种植环境？植物的光照量是否足够？是不是频繁浇水而导致植物腐烂，或太久没浇水让植物干枯？突然改变种植方式，如放了太多的肥料，或改变放置的环境等，还有受到病菌侵袭，都是植物生病的原因。

照顾不当造成的植物病害

1. 寒害

又称冻伤，发生在喜欢高温的热带植物上。台湾地区冬季低温不会到冰点，因此寒害的问题不大，顶多会因为低温而叶片发红或产生休眠的现象，遇到强烈寒流才有可能冻伤。

🌿 寒害会让叶片变红。

虫害

2. 日烧

又称晒伤，植物突然被阳光暴晒，叶子适应不良，出现焦黄的现象。

3. 水伤

薄嫩叶片或有毛的叶片，因为下雨或乱浇水，把水滞留在叶片上，导致叶片或花朵的组织受伤。

4. 肥伤

固体肥料放太多，要加水稀释的肥料泡太浓，会让叶子坏损，严重的话植物会整株枯萎。

5. 酸碱度不当

大部分植物喜欢中性的土壤，但有些植物喜欢偏酸性或碱性的土壤，若种在酸碱度不当的土壤中，便会生长不良，常会有叶片变黄的现象。

🌿 叶片晒伤，会产生焦黄、干枯的现象。

🌿 水伤会让叶片组织受伤。

🌿 酸碱度改变会让叶片变黄。

病菌侵袭造成的植物病害

1. 黑星病

黑星病多发生在夏天，会从老的叶子开始发病，再陆续蔓延到新的叶子，患病的植株叶片上会出现数个小黑点，黑点会慢慢从"点"扩大变成"面"，最后导致叶子掉落。

常发生于玫瑰、梨、樱花等。需保持通风的环境，若早期发现发病的叶子，要立即剪除。

🌱 黑星病的叶片上有不规则黑点，周围还会发黄。

2. 白粉病

昼夜温差大的环境容易发生，特征是叶片上像被撒上一层均匀的薄粉，使叶片组织无法发育，最后叶片萎缩、畸形。

常发生于七里香、小黄瓜、菊花等。平日照护时可喷水或喷油剂，洗落孢子，并阻碍附着在叶片上的孢子飘散，是简单又不需使用农药的防治方法。

🌱 感染白粉病的叶片，会覆盖一层白色粉末。

病害

虫害

197

3. 炭疽病

炭疽病易发生在高湿度的环境中，一年四季都有可能发生。它的病征是出现黑褐色不规则的病斑，严重的地方会干掉坏死。

常发生于观叶植物、兰花。需保持通风的环境。若发现病斑，要立即剪除。

🌿 得炭疽病，叶片会出现黑褐色病斑。

4. 锈病

得锈病时，从叶子上观察，会看到有点儿如生锈的斑点，就像铁器生锈一样，很容易辨认。得了锈病的叶片背面，有黄色或橘色的粉末繁殖体，感染严重的话会干枯，形成落叶。

常发生于金针花、美人蕉、鸡蛋花。发生初期可以喷洒葵无露或矿物油，通过油剂包覆孢子阻碍传播来达到防治功效。如已生病，需剪除得病的叶片，落叶也需清除。

🌿 得锈病的植物，叶片会出现像生锈一样的斑点。

5. 疫病

疫病菌潜伏在土壤里，容易因为浇水过多从根部侵入，疫病会危害到基部，最后组织坏死变黑，导致根部吸的水上不去而枯死。

常发生于兰花、观叶植物、植物幼苗。疫病发病的速度非常快，发生之后就很难康复，只能将植物整株丢弃。

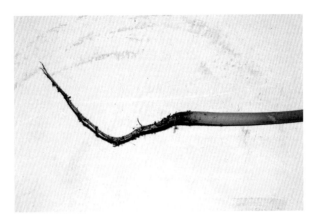

🌱 幼苗发生疫病，基部坏死发黑。

很多常见的植物病害种类都有其专属的农药可以防治，不过要不要购买农药进行喷洒，这是个大家可以思考评估的问题。如果只是居家种植数盆盆栽，我会建议不需要特别购买农药，一方面喷洒农药需要技术，使用不当会导致农药变毒药；另一方面就经济效益而言，一瓶农药的价钱，似乎足以再购买更多健康的植栽呢！

病
害

虫
害

199

软腐病，蝴蝶兰的致命疾病

认识蝴蝶兰的大敌：软腐病

当整片叶子像水煮过一样地溃烂，代表蝴蝶兰被**细菌性软腐病**侵害，整株已经无法挽救。**软腐病**最容易发生在非洲堇、多肉植物、兰科植物，专门侵害肥厚多汁的叶片组织，通常发病很快，一旦发病就很难治疗，需要多加防范。

潮湿不通风的环境，是软腐病的主因

软腐病是由细菌感染引起的，通常发生在潮湿不通风的环境下，一开始的症状就好如叶子上滴到油，不过那里面可全都是细菌，而且扩展的速度相当快，只要一个星期，整片叶子都会烂掉，就像煮烂的白菜一样，一碰就溃烂，这时就已经完全没得救，只能宣告"死亡"了。

如何预防软腐病？

　　软腐病一般很少发生在栽培于户外的植物上，大多都发生于室内，原因是室内空气较闷热，或浇水后没有保持通风透气，水浸在植物组织上，成为病菌的最佳媒介。所以只要注意通风良好，就算浇了水，叶子上的水分也会自然风干，较不容易有病害发作的机会。

🌱 细菌性软腐病，会让叶片整个烂掉。

🌱 多肉植物感染细菌性软腐病，叶片溃烂脱落。

病害

虫害

叶子的边缘焦黄，该怎么办？

病害、肥伤、日烧，都有可能造成叶片焦黄受伤

植物叶子的末端与边缘通常都有排水洞，叫作**泌液孔**，当植物水分太多时，就会从泌液孔排出。不过泌液孔也是病菌容易入侵的地方，也是很多病害都从叶子末端开始**发病**的原因。

造成叶片焦黄的原因

1. 酸碱度是否不当

植物在酸碱度不对的土壤里生长，会造成叶片黄化，生长不良。

2. 是否过度施肥

肥料太多会伤根，或缺乏某些特定肥料也是可能的原因，但在一般居家栽培中较少发生。

3. 是否发生病害

植物常见的褐斑病，很容易从叶缘发病，例如桂花的叶子末端容易焦黄，那是特定的桂花褐斑病。

4. 栽培环境是否太热

环境暴晒造成日烧，或者植物被干燥的热风吹袭，都会造成叶片焦黄。

改善与解决方法

依据叶子的形状修剪焦黄的部分。

改善栽培方式，考虑酸碱度是否不当、栽培环境是否过于闷热，找到根本原因，并加以修正。

观察是不是特定病害造成的，初期发现就要马上剪掉受伤部位，阻碍病菌传染，并且喷药，抑制可能正在酝酿的病菌，预防再度发生的可能。

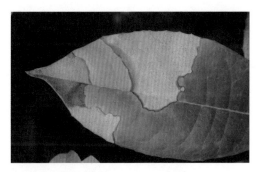
🌱 桂花褐斑病。

🌱 千年木炭疽病。

🌱 合果芋叶斑病。

遇到毛毛虫、甲虫，
该怎么办？

看见毛毛虫不要怕，立即移除

不同种类的毛毛虫，啃食的叶子种类也不同，所以几乎每种植物都会遇到毛毛虫、甲虫等，是令人头痛的害虫。

毛毛虫，造成叶片破损的头号杀手

毛毛虫应该是最好判别的害虫，大多是蛾类或蝶类的幼虫，经常啃食植物的叶子、花瓣、果实，让植株受伤。

被小型毛毛虫啃食过的叶子会呈半透明状；如果是大一点儿的毛毛虫，会从叶片边缘开始啃食，造成叶片出现破洞。

如果看到毛毛虫出现，建议立即用筷子或夹子将它们夹除。平时也可

叶片出现破洞，通常就是被毛毛虫啃食的结果。

以喷洒苦楝油、硅藻土或辣椒水来防治，或有机种植常用的苏云金芽孢杆菌，但是紫外线会破坏其成分，最好在傍晚太阳下山后再喷洒才能发挥效用。

叶蜂，外观类似毛毛虫的害虫

叶蜂宝宝的啃食特征跟毛毛虫一样，啃食过的叶子会呈半透明状或造成叶片出现破洞。

飞行能力较差的叶蜂成虫，可用电蚊拍直接捕杀。在叶片上喷洒苦楝油、硅藻土，可预防成虫产卵。

甲虫类、蚱蜢类，喷洒辣椒水

甲虫类的金龟子和金花虫也是常见害虫，它们会啃食叶片，也会危害果实、花朵。会将叶片啃食得千疮百孔，啃食的痕迹会呈现不规则的孔状。

蚱蜢和蝗虫在都市较少出现，不过在野外和乡下常常可见它们在啃食叶片。啃食叶片是用撕咬的方式，所以叶片周围会有纤维丝的痕迹。

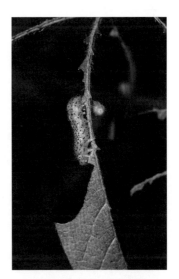

🌿 杜鹃叶蜂宝宝会像毛毛虫一样啃食叶片。

🌿 蝗虫会撕咬叶片，产生纤维丝的痕迹。

要防治甲虫类和蚱蜢类的虫害，建议喷洒苦楝油、硅藻土或辣椒水加以防治。

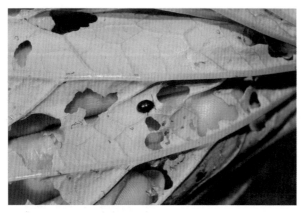

🌱 金花虫会将叶片啃食得千疮百孔。

蜗牛、马陆，会伤害植物吗？

蜗牛、蛞蝓请小心；马陆、蚯蚓，花园里的益虫

台湾地区居家花园常见的蜗牛有 5 ～ 6 种，蛞蝓也有 2 种以上，它们会危害植物，绝对要小心防治。马陆和蚯蚓则是无害的益虫。

保持通风干燥环境，避免蜗牛、蛞蝓栖息

软体动物中的园艺害虫，主要为蜗牛与蛞蝓。它们为夜行性种类，喜欢温暖、潮湿的环境，在雨后或夜晚、清晨都很容易见到它们出没。

它们会啃食植物幼苗、嫩芽、叶片、果实、花朵、花苞、根尖等组织，会在植物组织上留下不规则的咬食痕迹。蜗牛会在啃食叶肉后，在叶片上留下黏液的痕迹。一般会危害接近地面的植物，亦有可能攀爬到 2 米以上的树上觅食。

蜗牛、蛞蝓的防治方法

1. 保持通风与干燥环境

可利用空盆钵、砖瓦、木竹等园艺资材将盆栽垫高摆放，避免提供藏匿环境。尽量减少地面潮湿，如果常于傍晚或晚上浇水，就会制造出它们喜爱的栖息环境。

2. 保持栽培环境清洁

避免于盆面或土上堆积落叶、枯草等有机物，提供其藏匿及食物来源。尤其不要于土上或盆中堆放厨余，以免提供充裕的食物来源。

3. 系绑铜条

棚架支柱或树干可系绑铜条或铜线（随树干生长，要记得松开），利用铜氧化产生的离子，让蜗牛、蛞蝓不敢接近。

4. 撒粉驱离

植株周围地面，可撒硅藻土、锯木屑、淀粉、石灰等，因其会附着于软体动物体表，造成它们体液黏度大增而影响行动。

🌿 在树干上绑上铜条，能让蜗牛和蛞蝓不敢靠近。

马陆、蚯蚓，分解有机物的益虫

马陆食用枯枝落叶，蚯蚓喜欢吃土里腐烂的有机物，它们都扮演着分解者的角色，可以让土壤维持良好状态，对植物有益无害，所以不需防治它们。

尤其是蚯蚓在土壤中活动时，可以让土壤透气，保持良好状态，其排泄物也可以改善土壤，是植物界中公认的益虫！

蚂蚁会危害植物吗？

🌿 马陆是大自然中的分解者，生活在潮湿的环境当中。

🌿 蚯蚓可以让土壤变得更优良。

在台湾地区，只有少部分的蚂蚁会直接食用植物，有一些种类的蚂蚁，会和蚜虫、介壳虫、粉虱等害虫共生，帮助他们生长。蚂蚁虽然对植物没有直接性伤害，但是也相当恼人。如果发现蚂蚁在土团里做窝，可以将整个盆栽浸水 20 分钟再取出，就能将蚂蚁淹死清除，或用蚂蚁药来防治。

介壳虫、蚜虫，
对植物会造成什么伤害？

吸取叶片汁液，让叶片枯萎畸形

介壳虫、蚜虫体形小，容易隐匿藏身，往往发现异状时，已经侵害严重，除了立即治疗之外，平日也要做好防治养护工作，早发现、早处理，绝对是最好的方法！

介壳虫，最常见的植物害虫

全年都可见介壳虫的身影，体积通常很小，移动速度缓慢甚至不动，加上种类繁多，很容易造成误判。

根、茎、叶、花、果都会有介壳虫危害，它们尤其喜欢叶腋、叶背等藏匿处，不易察觉。通常会集体聚集，只要发现，就要赶紧检查邻近的枝叶及邻盆是否也被攻占。

可以将肥皂水直接喷洒在虫体上，或

🌿 粉介壳虫造成的伤害有时会被误判成白粉病，但只要仔细观察就可以正确辨别。

用牙刷蘸肥皂水轻轻将介壳虫刷除，清刷时要小心，避免虫体掉落到植株上。

蚜虫，终年可见的害虫

蚜虫也是终年可见的害虫，大多为绿色躯体，黑色、褐色、黄色也很常见，往往会群生聚集在植株的叶片、花苞、嫩枝上。

蚜虫喜好新芽，吸取其汁液，会使叶片泛黄、卷叶、发育不良等。可在植株旁摆放粘虫纸，可有效粘住会飞的蚜虫成虫。或喷洒肥皂水或辣椒水，达到防治驱离的效果。

🍃 蚜虫常群集在新芽上吸取汁液，使叶片发育不良。

红蜘蛛、蓟马，该如何防治？

喷洒辣椒水，驱离红蜘蛛；喷洒苦楝油，让蓟马远离

红蜘蛛会吐丝包围植物，蓟马会让叶片萎缩、给花朵留斑，都会让观赏价值降低，可以通过日常的照护加以防治，让虫害远离。

红蜘蛛，传染快速的虫害

红蜘蛛体形小，也是居家园艺很常见的害虫之一，它是蜘蛛的远亲，学名叫作叶螨，因为体色为红褐色，所以俗称红蜘蛛。其生长快速，传染性极强，一发现就要立即处理，避免病情扩大。

只要是干燥高温的天气，红蜘蛛就会嚣张地出没，吸收叶片上的养分，使叶面出现白白的细点，严重时会吐丝把叶片包住。将肥皂水或辣椒水直接喷洒在虫体上，或用牙刷蘸肥皂水轻轻将虫体刷除。平常可以多喷水在叶片上，对于喜好高温干燥的红蜘蛛有驱离的作用。

🌿 红蜘蛛虽然不是蜘蛛，但同样会吐丝把叶片包住，造成危害。

蓟马，具有飞行能力的害虫

蓟马喜欢藏匿在隐秘的地方，如叶背、花朵皱褶处，需特别注意并且防治，否则破坏美观，植物也失去观赏的价值了。

蓟马的飞行能力佳，需有特定花朵以及特殊气味才会被吸引，如兰花、栀子、榕树等，以口器刺吸。当叶片组织被刺吸后会产生红褐色斑点或斑块，斑点周围叶肉黄化、萎缩。花朵被蓟马吸刺过后，也会有白色或褐色斑点出现在花瓣上。

如果认为病叶影响美观，只需摘除或剪除受害叶片并小心丢弃处理，就能有效控制危害程度。可在春季于叶片喷洒苦楝油产生忌避效果（见 p.223），或喷洒一般杀虫用药剂。

🌱 花朵因受到蓟马的危害而留下斑点。

🌱 榕树嫩叶被榕蓟马吸食，产卵后受刺激向上包卷，形成袋状虫瘿。

飞行能力佳的害虫，
该如何防治？

善用粘虫纸、苦楝油，防治会飞的害虫

　　飞行能力佳的害虫较难抓到，因此可以利用粘虫纸诱捕或在叶片上涂苦楝油，加以防治。

粉虱，容易侵害瓜类、柑橘类植物

　　虫体为白色，俗称白蚊子，若虫*时期动作缓慢，有点像介壳虫，成虫后才有飞行能力。瓜类、柑橘类、菊花类、圣诞红等植物易受到粉虱的危害，除了伤害叶片之外，还有可能传递病毒，需特别注意。

　　粉虱会吸取植物组织的汁液，造成叶片黄化而枯萎。它们对黄色或蓝色有特别偏好，可以利用粘虫纸诱捕，或喷水驱离。

*不完全变态的昆虫自孵化后，翅膀未长成，外形和成虫相似，但生殖器官尚未成熟，此时期的昆虫称为若虫。

🌿 粉虱虫体为白色，俗称白蚊子。

🌿 柑橘粉虱喜欢栖息在叶背，若虫时期动作缓慢。

椿象，会让叶片产生黑色斑

　　椿象当中的盲椿象是植物的大敌，会吸取叶片、花苞和果实，吸完会在叶片上造成黑色坏疽斑点。体形较大的椿象带来的危害反而比较轻微。可以用苦楝油、硅藻土或辣椒水，加以防治。

🌿 盲椿象的体形与蚊子大小差不多。

🌿 盲椿象会吸取叶片汁液，造成黑色斑点。

盆栽经常出现小飞虫，该如何避免？

不使用有机肥料、介质，就能避免小飞虫

有些害虫虽然不会危害植物生命，但却挥之不去相当恼人，带大家认识这两种恼人的植物害虫。

小飞虫虽然无害，却会破坏美观

盆栽附近出现小飞虫是很常见的情形，虽然不会危害到植物，但是会对居家环境造成困扰。其原因并非出在植物身上，而是当盆栽介质里有落叶或腐烂的根、茎，或施加有机肥料时，有机物分解的气味就会吸引果蝇、蕈蚋等小飞虫靠近。

所以室内不使用有机肥料、介质，就不会引来小飞虫。如果真的需要使用有机肥料，可以在介质上面覆盖不织布、木屑、小石头等材料，防止昆虫出入。

花草
小教室

保持通风环境，蚊子不躲藏

每年 4—6 月，出现高温多雨的天气，会发现蚊子出没频繁，让人深感困扰，想要预防并避免植栽成为蚊子的温床，可从以下几处着手改善：

（1）修剪密集的枝叶。

蚊子容易藏匿在枝叶紧密的植物中，适当地修剪过密的枝叶，可以让植物保持通风，避免蚊子躲藏其中。

（2）定期倒掉水盘积水。

盆器水盘最容易积水，最好 2~3 天清理 1 次，避免蚊虫有机会靠近并产卵。

（3）设计生态陷阱。

蚊子会将卵产在水中，幼虫孑孓也生活在水中，所以在花园中摆放一些盛水容器，并在里面种植水生植物和养一些小鱼，当蚊子前来产卵，鱼就会把卵吃掉，孔雀鱼、大肚鱼、盖斑斗鱼都是很好的选择。利用这种方式，不仅可以打造一个小小的生态圈，蚊子自然也无法繁衍，可有效减少蚊子的数量。

看不见的可恶害虫，该如何防治？

蛀食植物的害虫，隐藏危机

有一些看不见的害虫，躲在暗处里危害植物，如藏在果实里蛀食果实的果实蝇也会蛀食树干，在树干里钻来钻去的天牛，还有潜藏在叶片里吃叶肉的潜叶蛾等，都是看不见的隐藏杀手，绝对要小心防治！

常见蛀食植物的害虫

1. 蛀食果实——果实蝇、瓜实蝇

蛀食果实类的害虫按照蛀食部位的不同，分为果实蝇（会蛀食杧果、番石榴、莲雾等果实类）和瓜实蝇（蛀食小黄瓜、瓠瓜等瓜类）。

果实蝇和瓜实蝇会在果实（瓜）里下蛋，蝇的幼卵就会在果实里面进行孵化，形成幼虫后在果实里蛀吃果实，成熟后再钻出来化成蛹。

果实蝇和瓜实蝇喜欢黄色，可以用黄色的粘虫纸捕捉。甲基丁香油的气味具有费洛蒙的成分，可以吸引公蝇前来，诱捕公蝇后，就可减少母蝇在果实上产卵。也可以将果实类、瓜类套袋或以报纸包覆，加以保护。

2. 蛀食茎干——木蠹蛾、天牛

木蠹蛾、天牛专门蛀食树枝、树干，天牛在都市居家较为常见，木蠹蛾较常出现在果园。天牛中又以星天牛最常见，它会蛀食柑橘类植物、柳树、桑树等。

天牛成虫会吃树皮，但其幼虫的危害更大。因为雌虫会将卵产到树皮下，孵化出的幼虫会在树干里面钻来钻去，并啃食木头内部，对植物造成极大伤害。

如果发现虫体，就需要直接扑杀，如果发现树干上有蛀洞及啃食掉落的木屑，但看不到虫体，可以用铁丝伸入蛀洞内，或喷以杀虫剂。也可以在树干表面涂上白漆或石灰，避免雌虫产卵。

3. 蛀食叶片——潜叶蛾、潜叶蝇

蛀食叶片的害虫代表是潜叶蛾和潜叶蝇，又通称为**地图虫**，因为潜藏在叶子里吃叶肉，产生像路线图的线条而得名。可以喷洒苦楝油预防成虫产卵。

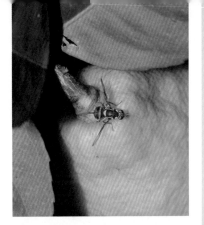

🌿 果实蝇幼虫专门蛀食果实。

🌿 幼小的天牛会在树干里钻来钻去，对植物造成极大伤害。

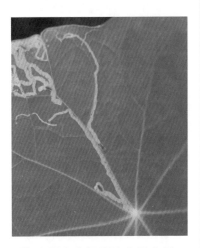

🌿 地图虫会把卵生在叶肉里，孵出来的幼虫就在叶片薄层里钻来钻去并吃叶肉，在叶片上形成不规则的图形。

4. 蛀食根部——鸡母虫、蝼蛄

鸡母虫和蝼蛄是藏在土里蛀食根部的害虫。鸡母虫是金龟子的幼虫，外观白白肥肥的；蝼蛄在夜晚才会进行活动，大多在农田附近出没。

蛀食根部的害虫通常会立即影响植物生命，因为当植物根部受损时，养分也无法传输到茎、叶，所以如果发现植物突然不明原因枯死，很有可能就是介质里有鸡母虫在作乱。可将有机肥深埋到介质里，或在介质上覆盖防虫网、不织布等，防止害虫钻入。

🌿 鸡母虫会蛀食植物根部，导致枯死。

花草小教室

危害植物的害虫可以按照它们食用植物种类的多寡，分为**寡食性**和**泛食性**两种。寡食性害虫会专门危害特定植物。如凤蝶幼虫专门食用柑橘类植物的叶片；许多金花虫专门食用旋花科的植物，如空心菜、牵牛花、地瓜叶等。泛食性害虫代表为粉介壳虫，危害的植物有上百种，几乎每种植物都会被入侵。另外，像木蠹蛾的幼虫，也是泛食性的代表。

植物长了凸起的东西，是什么？

植物产生不正常增生现象，原来是昆虫在作怪

虫瘿是指植物受到造瘿生物的刺激，产生不正常增生现象，我们可以想象是昆虫的育婴室，所以将虫瘿切开或剥开，会看到昆虫的卵或幼虫在其中。这种造成叶片畸形的凶手称为**造瘿生物**，此现象称为**虫瘿**。

虫瘿会出现在植物的各个部位，如叶片、叶柄、枝条、芽。虫瘿的形状千奇百怪，各种卷曲、凹陷、肿大、畸形或形成具有腔室的独立特殊结构，有的像青春痘般圆圆凸起，有的像郁金香的杯子形状，有的鲜艳得像果实。

造瘿生物的种类很多，如木虱类、蚜虫类、蝇类、螨类等，常见的是象牙木木虱、榕蓟马等。建议喷洒苦楝油防治，阻止造瘿生物前来造瘿。

🌿 虫瘿的形状千奇百怪，严重的话会影响植物生长。

🌿 像果实般的虫瘿。

是否有安心天然的防虫方式？

辣椒水、肥皂水，自制天然防虫剂

辣椒水对于杀虫和防虫害非常有用，市面上有很多地方都贩卖调配好的商品；肥皂水对于杀死小虫也相当有效，可自行制作。

喷洒矿物油

矿物油是由石油炼制而成、安全无毒的天然农药，但是只对防治小虫有效，使用方法也需特别注意，如果使用错误，不但无法防虫，还可能使植物产生药害。

1. 稀释正确的倍数

矿物油品牌众多，不同成分、不同害虫，所稀释的倍数也不一样，如果虫害出现在嫩枝、嫩叶与花苞上，建议要比包装标示的浓度再稀释更多，以免对幼嫩组织造成伤害。于高温烈日下喷洒时，建议稀释倍数也可以再小一点儿，避免植株受伤。

2. 一定要喷在虫体上

用矿物油除虫的原理是利用乳化的油剂将虫体包覆，阻碍呼吸让虫窒息而死。所以没有喷到虫体的话，就无法产生效果，但仍需注意喷洒用量，不要让药液沾湿浸染整个枝叶。

3. 持续观察，留心"漏网之虫"

即使已仔细喷洒除虫，最好一个星期后再彻底检查一遍，确认是否还有"漏网之虫"，尽早一网打尽。

利用忌避法，害虫自动驱离

在有机草莓园里，因为不使用农药，又要避免草莓被蚜虫侵袭，会在草莓园里穿插种植葱。因为蚜虫讨厌葱的味道，所以对葱就会产生忌避反应，利用这种忌避的特性，就可以避免喷洒农药，达到有机的目的。而一般居家种植时，也可以穿插种植香茅、九层塔、迷迭香、薰衣草、香菜、葱、蒜等有特殊气味的植物，虫子闻到不喜欢的气味，自然就会不敢接近。

花草小教室

矿物油无毒、无害、无臭，不过不小心喷到手上会有点儿黏黏的感觉，用肥皂水清洗即可。矿物油和肥皂水，哪一种比较好呢？其实两者的使用方式大同小异。如果只有一两株植栽发生虫害，自制肥皂水较为经济实惠，不过要记得喷洒肥皂水半小时后，需再用清水将肥皂液冲掉，避免皂液残存于植物上，对部分组织造成伤害；如果虫害情形严重，再使用矿物油。

如果不想杀死害虫，也可以使用苦楝油。苦楝油是一种天然的防虫剂，含有印度苦楝的萃取成分，因为含有虫子不敢吃的成分，只要喷洒在植物上，虫子自然就不会靠近。苦楝油不算是农药，获取的途径也很方便，很好购买。使用苦楝油驱虫时，要注意时效性，通常经过一周，效果就会慢慢消失。

病害

虫害

原书名：新手种花100问【畅销修订版】：资深专家40年经验，种植疑难杂症全图解

作者：陈坤灿 原书ISBN：9789865077778

本书通过四川一览文化传播广告有限公司代理，经采实文化事业股份有限公司授权出版中文简体字版。

©2023辽宁科学技术出版社

著作权合同登记号：第06-2022-173号。

版权所有•翻印必究

图书在版编目（CIP）数据

新手养花100问 / 陈坤灿著. — 沈阳 ：辽宁科学技术出版社，2023.6
ISBN 978-7-5591-2955-0

Ⅰ．①新… Ⅱ．①陈… Ⅲ．①花卉－观赏园艺－问题解答 Ⅳ．①S68-44

中国国家版本馆CIP数据核字(2023)第051101号

出版发行：辽宁科学技术出版社
　　　　　（地址：沈阳市和平区十一纬路25号 邮编：110003）
印 刷 者：辽宁新华印务有限公司
经 销 者：各地新华书店
幅面尺寸：170mm×230mm
印　　张：14
字　　数：200千字
出版时间：2023年6月第1版
印刷时间：2023年6月第1次印刷
责任编辑：李　红
版式设计：何　萍
责任校对：韩欣桐

书　号：ISBN 978-7-5591-2955-0
定　价：59.00 元

联系电话：024-23280070
邮购热线：024-23284502